化学之美

物质的视觉奇观

[英] 菲利普·鲍尔（Philip Ball）著

朱文婷、梁琰 摄

丁家琦 译

The
Beauty
of
Chemistry

Art,
Wonder,
and Science

北京日报出版社

THE BEAUTY OF CHEMISTRY: Art, Wonder, and Science

text by Philip Ball, photographs by Wenting Zhu and Yan Liang

Copyright © 2020 Philip Ball and Xinzhi Digital Technology（安徽新知数字科技有限公司）

Originally published in the English language by The MIT Press

Simplified Chinese character translation copyright © 2024 by Beijing Imaginist Time

Culture Co., Ltd.

All Rights Reserved.

北京版权保护中心外国图书合同登记号：01-2024-5348

图书在版编目(CIP)数据

化学之美：物质的视觉奇观/（英）菲利普·鲍尔

著；朱文婷，梁琰摄；丁家琦译 .-- 北京：北京日报

出版社，2024.11.--ISBN 978-7-5477-5087-2

Ⅰ . O6-49

中国国家版本馆 CIP 数据核字第 2024W1L936 号

责任编辑　姜程程

特约编辑　伊　寄

装帧设计　马志方

内文制作　伊　寄

出版发行：北京日报出版社

地　　址：北京市东城区东单三条 8-16 号东方广场东配楼四层

邮　　编：100005

电　　话：发行部：（010）65255876

　　　　　总编室：（010）65252135

印　　刷：天津市银博印刷集团有限公司

经　　销：各地新华书店

版　　次：2024 年 11 月第 1 版

　　　　　2024 年 11 月第 1 次印刷

开　　本　787 毫米×965 毫米　　1/16

印　　张　21.5

字　　数　329 千字

定　　价　118.00 元

如发现印装质量问题，影响阅读，请与印刷厂联系调换：022-58961995

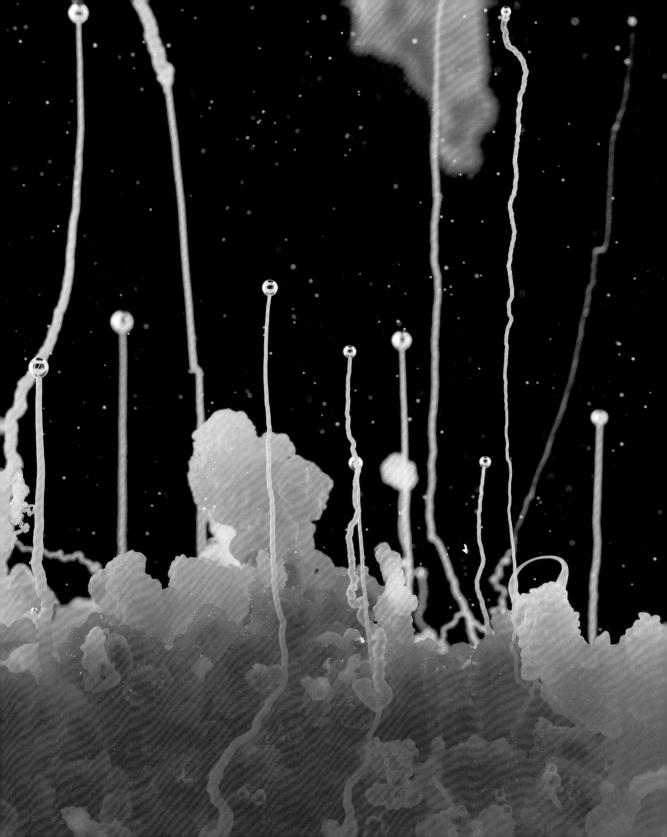

目　录

前　言　化学的召唤　001

第一章　欢腾：气泡之美　007

第二章　有序：晶体的魅力　037

第三章　不溶：沉淀的威力　067

第四章　繁茂：枝状生长之乐　097

第五章　燃动：迷人的火焰　137

第六章　刺激：电化学的魔力　167

第七章　多彩：植物的奇妙变色　197

第八章　升温：热的作用　231

第九章　有机：盘曲的化学花园　255

第十章　创造：丰富的图案　281

后　记　艺术、奇观与科学　309

致　谢　313

附　录　分子与结构　315

术语解释　329

引文出处　333

译名对照表　335

硅酸钠枝晶

化学的召唤

　　化学比其他任何学科都更能体现实用与脱俗的结合。它最为人所知的是实用性：化学显然是我们周围所有物质的来源，借着这些物质，我们的生活会变好或变坏。把衣服变得时尚漂亮的染料、掩盖我们自身气味的人造香水、缓解我们病痛的药物，还有智能手机里的高科技半导体合金芯片，都是化学的产物，但我们就像不知感恩的孩子，把它们都看作理所当然。我们抱怨空气和水体里的污染物，以及填塞了河流和海洋的塑料制品（抱怨是对的，但对象不应该是化学）。化学编织出了我们的存在：聚酯纤维、聚碳酸酯塑料、触摸屏和电池、不粘锅和不易滴落的涂料。我们依赖着化学的慷慨帮助，但也忌惮着它惹来的灾祸：它既是问题又是解法，既是宿敌又是救星。

　　化学超凡脱俗的一面则不那么为人所知，但本书要介绍的就是这一面。我们将给你展示化学产物和化学过程中蕴含的惊人的美。这种美通常一闪而过，无人注意，或者没人意识到它们的本质跟化学有关。我们会惊叹于雪花精致的构造，或是花儿美丽的外表和宜人的香气，却意识不到化学在其中扮演的作用丝毫不亚于它在石油精炼厂或制药厂里的作用。

　　好像还没有哪个词能用来描述为日常生活中的物质而欢欣鼓舞的人，但应该有这么一个词的。或许我们可以管他们叫"爱物者"（ousiophile），来自希腊语的 ousia，意为"本质"或"物质"。化学家通常都是爱物者：他们喜欢切实可感的材料，感受它们的质地、重量、光泽和柔软度，想要去触碰、抚摸、嗅闻甚至品尝。对化学的爱就寓于这种冲动之中，有这种爱的人往往会选择学习化学。

　　意大利作家普里莫·莱维无疑就是一

名爱物者。莱维有两本书格外知名，其一是《周期表》，这是一封写给最原始的物质——化学元素的情书，书名指的就是排列各种化学元素并从中揭示出隐藏秩序的标志性概念框架。书的每一章都以一个化学元素为名——氩、氢、锌、铁、钾等等——并把这些元素变成故事里的一个人物，一般是反映莱维生活的某一段经历。他陶醉于这些元素的物质性：他写了自己"二战"后在都灵郊外的工厂工作时看到的混入了铬的橙色防锈漆，以及"朱庇特的金属锡那慷慨善良的本性"。《周期表》一书唤醒了读者对化学的感受力，这或许是他们没能从中学化学课上，甚至没能从周期表本身的方块形貌中获得的。

莱维另一本著名的书是《这是不是个人》，记述了他在奥斯威辛集中营里的时光。在集中营里，正是他的化学知识救了他的命，让他得以在丁钠橡胶厂的实验室里工作，为纳粹军队生产人工橡胶。要是没有接到这个任务，他很难熬过奥斯威辛那个1944年的严冬。但他熬过来了，世界也得以见到对纳粹暴行的这一至关重要、令人痛心而又充满深切人性悲悯的叙述。

给元素排序

对一些化学家来说，元素周期表近乎他们的信仰。在由元素符号组成的行与列中，编码了化学学科的大量信息。这不仅是因为元素（组成整个物理世界的原子的种类）是化学的基本构件，还因为周期表把具有相似化学性质的元素聚在了一起，其形状和排列规则反映了掌管原子结合体的原理，决定了元素可以如何组合，从而形成优美且丰富、危险又奇妙的化学世界。举个简单例子，碳元素的位置就暗示了它在生物体中举足轻重的地位，而化学家看到碱金属处于周期表的第一列就知道它们极易发生反应，非常危险，不能触摸。而氖、氩这种惰性气体处于最后一列，就确保了它们不易发生反应。莱维用惰性气体来比喻他出身的都灵犹太人群体，暗指他们的"端庄弃权态度"。

2019年，全球欢庆最初的元素周期表出现150周年（巧的是，这一年也是普里莫·莱维的百年诞辰）。1869年，俄国西伯利亚化学家德米特里·门捷列夫提出了元素周期表的早期版本，还很粗略，且遍布空白。门捷列夫无疑不是第一个认识到化学元素可以被分为各个族且每一族拥有类似性质的人，如果门捷列夫没有认识到这一点，差不多同时也一定会有其他人发现；但几乎只有门捷列夫一人深信各元素背后存在深层的结构，因此他在周期表中留下了空白，认为这些地方代表应当存在但尚未发现的新元素。这些新元素后来果不其然皆被发现，门捷列夫对它们性质的预言也悉数应验。

乍看之下，似乎很难理解众多化学家为何对元素周期表如此敬重。周期表的结构并没有简洁优雅到那个程度。它左右两端突出，宛如两座塔楼，中间则是一长块过渡金属元素，像是片丑陋的现代主义住宅群。而且，关于周期表到底应当以什么样的形式来画，某些元素究竟应该放哪里，化学家至今还在争论，没有共识。

但不管怎样，从多种多样的元素中发现隐藏的秩序，暗示着元素的化学性质受某些深层原理的支配。在门捷列夫发表元素周期表之后又过了半个世纪，这些深层原理终于得到了揭示。

解开元素周期律之谜的关键发现之一来自 1916 年的美国化学家吉尔伯特·路易斯（Gilbert Lewis），他提出，元素的化学性质可以通过其原子的本质来理解。20 世纪初，科学家发现，原子并不像人们一度以为的那样，是没有特征的致密小球，而是有其内部结构，由更加基本的粒子组成。它们有一个致密的原子核，带正电，包含一种名为"质子"的粒子（还包含一种叫"中子"的电中性粒子，但这要到 1932 年才被发现）。在原子核周围，排列着一系列比原子核轻得多的粒子，叫电子，其电荷量与质子相同，但带的是负电。原子的绝大部分是空的，早期有科学家把原子内部结构描述为一个微缩的太阳系，原子核就像太阳，电子就像围绕它做轨道运动的行星。这个图像有点过于简化了，但它足以帮我们理解物质原子的组成。

探索原子的内部结构可并非易事。以碳原子为例，它的半径仅有 0.17 纳米（1 纳米是 1 毫米的百万分之一），用多先进的显微镜都看不到。光是相信有这么小的事物存在就不容易了——20 世纪初，有些科学家就不相信，包括门捷列夫本人。但它们确实存在，我们现在非常肯定。

路易斯提出，每个原子都有一个核心部分，由原子核加上一些电子组成，核心部分带正电，电荷数等于它在周期表中所处位置的列数。例如周期表第一列的元素

（碱金属）的核心部分就带 +1 的电荷，以此类推。核心部分之外还环绕着"一层"电子，其数量等于核心部分的正电荷数，以让整个原子呈电中性。碱金属的最外层就只有一个电子。

路易斯认为，最外层最多可容纳 8 个电子，这种情况出现在稀有气体原子身上。这个理论部分解释了为什么周期表有 8 列（忽略中间的一大块过渡金属元素的话），这 8 列元素就叫"主族元素"。

他还提出，可以认为电子占据一个立方体的各顶点。为什么是立方体呢？这只是一种简单的想象方式，毕竟立方体有 8 个顶点。路易斯的意思并不是说原子真是立方体形状的。而原子互相连接形成化学键（也就是结合成分子）的时候，我们可以想象它们是一群立方体共用了顶点或边。共用顶点处的电子同时属于两边的原子，每一对被共享的电子就形成一个化学键。

为什么参与成键的最外层电子必须要达到 8 个呢？路易斯并没有给出解释。他也没能解释为什么氢和氦孤零零地突出在周期表的两头，主族的两端，中间没有其他元素，更没能解释为什么过渡金属横插在主族的第三列后面。不过，在路易斯提出电子结构之后没过几年，物理学家找出了电子在原子核周围排列的基本规则以后，周期表结构的问题就迎刃而解了。这些规则出自一个名叫"量子力学"的理论，它描述了像电子和原子这样很小的粒子的行为。量子力学完全解释了周期表的砖墙式形状。

用简单的思想解释复杂的现象，能让科学家产生极大的满足感。从地球上看夜空，行星的运动就算有一些规律，也极为复杂；而一旦知道地球也是一颗行星，沿着接近圆形（实为椭圆）的轨道围绕太阳运转，规律就清晰可见了，先前看起来复杂纷乱的运动轨迹顿时变得简洁而优雅。对元素来说也是一样：一旦我们理解了电子在原子核周围的排列方式，表面的复杂就会让位于深层的简单。

惊奇感

许多科学家从这类抽象推理中获得了一种真正的审美快感。他们在元素周期表中发现了美。你可能也有这种感觉，也可能不会。或许需要在特定的心境下，才能把对知识的理解和美等同起来。

但你不需要特定的心境也能欣赏化学

之美。这本书正是要告诉你，化学之美，人人皆能享受。我们希望书中的文字不仅解释了图片中的内容，也加深了你的视觉体验。我们赞同著名物理学家理查德·费曼的话：从科学上理解某个事物并不会削弱我们对它的惊奇感和愉悦感，反而还会增强。费曼的一位艺术家朋友曾说，科学家"拆解"了一朵花，让它变成了一件"枯燥无聊的东西"，费曼回应道：

> 我能欣赏花的美，但同时，我在花身上看到的东西比他多得多。我可以想象它的细胞内部复杂的活动，那些活动也有一种美。我指的不只是宏观的1厘米左右的维度，也包括更微观尺度下的美，它的内部结构和生化过程。花的颜色是为吸引昆虫来传粉演化而来，这就很有趣，因为这意味着昆虫可以看到花的颜色。这就带来了另一个问题：美感也存在于更低形式的生命中吗？为什么它们会有审美？科学知识会引来各种各样的有趣问题，因而只会增加看到一朵花时的兴奋、着迷和敬畏，只会增加而已。我不明白怎么会减少。

有时，我们会让你从原子的角度来看待这些视觉奇观——原子在重组、交换并重排电子、互相弹开，或者散射光线。我们无法直接看到这些过程，但可以推断出它们的存在，并推导出它们的结果。化学的特殊本领就是把原子的行为与日常现象这两方面相结合，也正是它让化学成为一门既魅力十足又实用的科学，揭示了我们日常体验到的世界是如何从一个更陌生、更深奥，在某种意义上非常神秘的世界中演生出来的。另一位伟大的科学家查尔斯·达尔文描述地球上生命演化时所说的话也完全适用于这里，而他也会完全同意自然科学之间是统一的，正如它们描述的这个光辉灿烂的自然世界一样：

> 当这一行星按照固定的引力法则持续运行之时，无数最美丽与最奇异的类型即是从如此简单的开端演化而来，并依然在演化之中。生命如是观之，何等壮丽恢宏！

汽水中的泡泡

第一章

欢腾：气泡之美

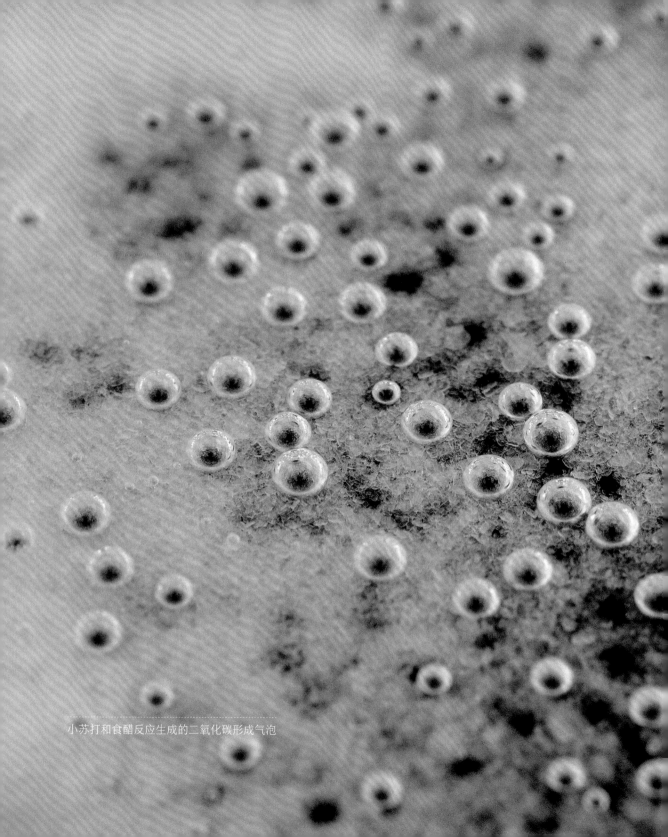

小苏打和食醋反应生成的二氧化碳形成气泡

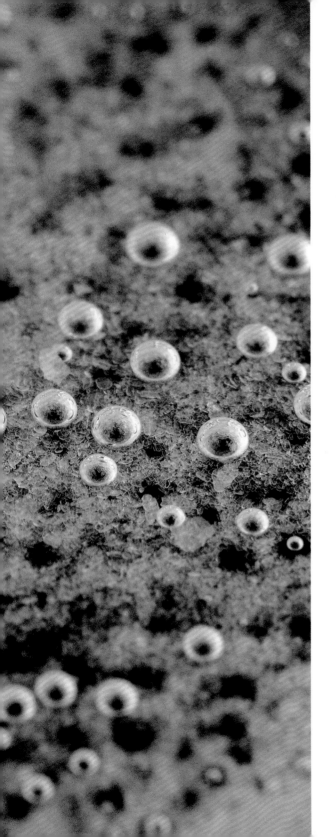

"绕釜环行火融融……釜中沸沫已成澜",《麦克白》中女巫的台词表明,气泡代表有情况,有麻烦正在酝酿:混合物中正有事情发生。

不管在哪里,冒着泡的烧瓶都象征着不祥的化学反应,预示着接下来会有翻天覆地的变化。

但是,泡泡又有什么坏心眼儿呢?它们是快乐的使者,所以"情绪高涨"会被说成"沸腾"(effervescent)。每个厨房化学实验包中都包含产生气泡的壮观反应:把小苏打放进食醋,离远一些,你就会看到试管中迅速涌出大量气泡,犹如火山喷发,还发出肆意的咝咝声。这类反应仿佛在宣告:这就是化学!

气泡为何有如此魅力?或许是因为它有些出乎意料:看似无害甚至司空见惯的成分竟有如此夸张的能力。而气泡又是如此简单:气体释入液体,自行产生一个球形空腔,把周围的液体往外推。

小苏打遇到食醋时的气体是从何而来的呢?初始反应物是一种粉末状固体和一种液体,但它们组合在一起就发生化学反应,形成古代炼金术士所说的"精华",在空气里无形,但在水中却像珍珠一样闪光。

跟所有化学变化一样，这个过程也涉及原子从原先的组合中被拆分出来并重组的过程，气泡的生成就是这类变化的证据。

我们来更仔细地了解一下这个过程。食醋是醋酸的溶液，醋酸分子则由碳、氧、氢原子组成，在水中会分解成醋酸根离子和氢离子。（离子带电荷，一个醋酸根离子带一个负电荷，一个氢离子带一个正电荷。后文会进一步介绍离子的性质。）

小苏打是碳酸氢钠（也叫"重碳酸钠"），属于一种碱性物质（或简称为一种"碱"）。碳酸氢钠溶于水后，会分解成钠离子和碳酸氢根离子，后者会吸附氢离子。碳酸氢根离子跟氢离子结合会形成碳酸，碳酸倾向于以另一种方式分解，形成一个水分子和一个二氧化碳（CO_2）分子，后者就是气泡中的气体。

二氧化碳可以部分溶于水，碳酸水（气

小苏打和食醋反应生成二氧化碳形成气泡

泡水）就是这么制作的。如果水里含有大量二氧化碳，一部分二氧化碳就会发生我们上面讲的反应的逆反应：二氧化碳与水结合，形成碳酸，然后再分解成碳酸氢根离子和氢离子，氢离子浓度增加，水变成酸性。碳酸水之所以尝起来有些刺激，就是因为它呈酸性——所有酸溶于水都会有这种刺激性口感。碳酸水是迫使二氧化碳气体溶于水形成的：把二氧化碳气体加压

打入水中，并密封在瓶罐里以保持高压。这种水溶解的二氧化碳超出常压下能溶解的量，因而处于我们所说的"过饱和"状态。打开容器后，压强降低，一部分原本溶解的二氧化碳就从溶液中逸出，形成气泡：这就是汽水会冒泡的原因。

酸和碱的反应是化学中一类常见而基本的反应，但并不简单。例如，这类反应可以双向进行。如果你制造出大量的碳酸，

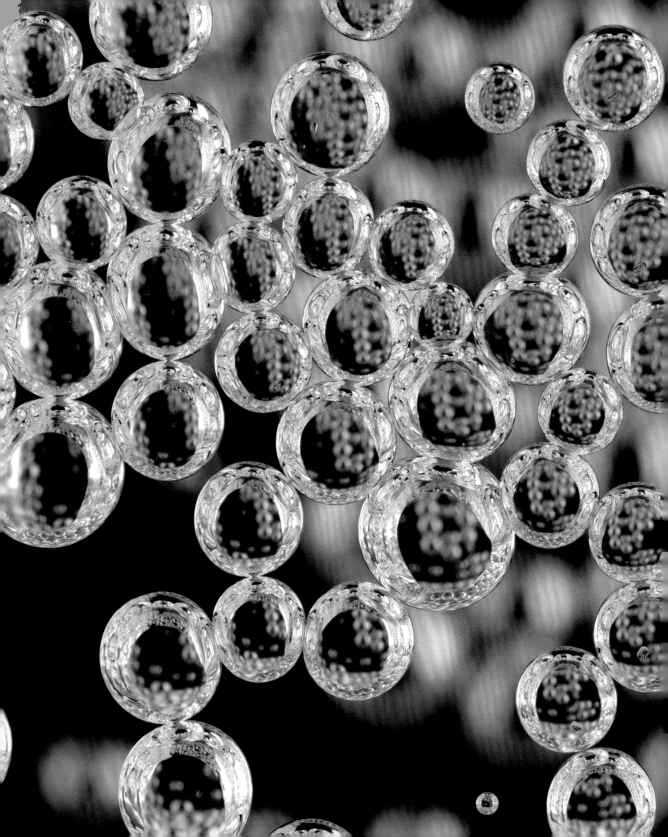

汽水中的泡泡

它就会分解，逸出二氧化碳；而如果水和二氧化碳的量很大，反应又会往另一个方向进行，形成碳酸，再形成氢离子。这个反应是可逆的。

那化学反应又是怎么"知道"要往哪个方向进行的呢？这依赖于初始条件。你可以说可逆反应很任性，因为它们会向着抵消我们尝试施加的条件的方向进行。把大量氢离子和碳酸氢根放在一起，会形成二氧化碳；而把二氧化碳泵入水中，二氧化碳就会和水反应形成碳酸，然后再形成氢离子。这就像一根长条形气球：对一头的反应进行挤压，另一头就会膨起来，反之亦然。这规律有个名字：勒夏特列原理，来自提出它的19世纪法国化学家。该原理可表述如下：化学系统受某种变化扰动时，会往能减小该变化的方向调整。当然，这种行为背后没有什么意图，只是大自然找到理想平衡态的方式。

总的来说，二氧化碳是一种不太有害的气体，我们的身体和血液中就溶有不少二氧化碳，人体细胞的新陈代谢也会产生二氧化碳，它是身体利用氧气燃烧糖类获取能量的产物之一。这种化合物对身体并无用处，你可以说它是身体产生的废气，

汽水中的泡泡

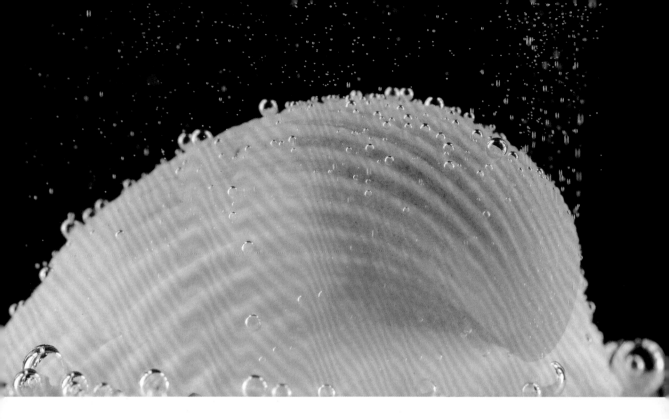

因此会被排出：被血液运送到肺部，再释放并被呼出。

但二氧化碳近年来愈发声名狼藉，仿佛成了个化学大反派，原因在于它对全球变暖的影响。它是最主要的温室气体：二氧化碳分子很擅长吸收并捕获从地球表面反射或再辐射的太阳光热量。因此，影响大气中二氧化碳含量（如今大气平均每2500个分子中有一个是二氧化碳分子）的每一个过程对气候和环境科学家来说都至关重要，急需关注。

其中之一就是空气与海洋之间的二氧化碳交换。前面说过，水能溶解一定量的二氧化碳，但海水能吸收多少二氧化碳，取决于海水有多大的表面暴露在空气之中。如果海面被大风拍打成水雾、泡沫，大量小液滴的表面积之和就会比同样多的水聚集成一大团的表面积更大，空气与海水间的二氧化碳交换也会增加。因此，天气条件、气候等因素，和海洋对二氧化碳的吸收之

酸与海贝壳（主要成分为碳酸钙）反应生成二氧化碳

间存在复杂的反馈关系。

　　大气中二氧化碳水平提高还带来另一个令人担忧的后果。勒夏特列原理预言，空气中的二氧化碳越多，溶入海洋的二氧化碳也会越多，而二氧化碳溶于水会增加水的酸性，海水的酸性也会因此增加。这对一些海洋生物来说可是坏消息，它们无法适应这样的酸性环境。珊瑚尤其易受酸性环境的侵蚀，海水表面的酸化已经让一些珊瑚礁开始消失，比如澳大利亚的大堡礁，其鲜艳的颜色开始逐渐变白。

　　二氧化碳不是唯一能溶于水的气体，空气的主要成分氧气和氮气一定程度上也可溶于水。我们血液中就含有这些气体组分，因此，如果我们潜水到高压的深海，突然快速上升到水面附近，造成周围环境压大幅减小，我们血液中溶解的气体就会形成气泡，很像密封的汽水瓶被打开时那样。这些气泡会堵塞狭窄的毛细血管，因而有害，会导致关节痛、眩晕等症状。这

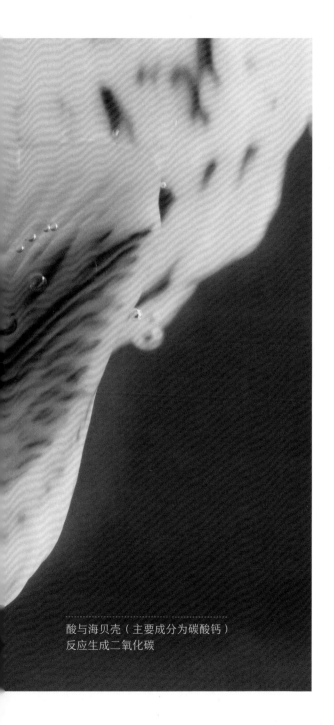

酸与海贝壳（主要成分为碳酸钙）
反应生成二氧化碳

种现象叫"减压病"，极端情况下可能致死。

我们还是来看看泡泡更讨人喜欢的方面吧。虽然气泡水中的气泡带来了令人愉悦的嗞嗞声和刺激的口感，但关于气泡最完美的形象还要数香槟酒的起泡。香槟酒里的气泡把气泡科学变成了一种纯艺术，有人称它为"气泡学"（bubbleology）。

观察过别人喝葡萄酒或者啤酒的人都知道，喝酒时酒里会产生很多气泡，这是发酵的结果，在发酵过程中，溶液中的酵母会把部分糖分转化成酒精。这一过程可以看作糖的"部分燃烧"（化学家称之为"部分氧化"），会产生二氧化碳。这就是混合液体中气泡的由来。发酵产生的气体会累积出很大的压力。如果葡萄酒还没完成发酵就被装瓶，后续发酵产生的气体可能冲开瓶塞，如果瓶口封得很紧，甚至会让整个瓶子碎裂。

传说香槟发源于法国马恩河谷的同名地区，中世纪时，当地的本笃会修士以酿酒技术闻名。在中世纪末期，全球温度暴跌，进入长达几个世纪的寒潮期，又称小冰期。15世纪末有一年，气温实在太低，冷得在酿酒季节酵母无法工作，发酵过程都停止了。但酒还是被正常装瓶装桶。

随着春天来临，酒液中的酵母重新苏醒，开始二次发酵。但酒瓶酒桶已经密封，发酵产生的二氧化碳就被困在了酒里，直到瓶子打开，才以气泡的形式释放出来。

一开始，这种起泡酒并不受欢迎，人们认为起泡是酿酒技术不过关的表现。但就在 17 世纪 60 年代，一位名叫皮埃尔·培里侬的修士（Dom Perrie Pérignon）临危受命，要解决香槟地区葡萄酒起泡的问题之际，社会风尚变了，法国贵族倒是相当欣赏这种新型葡萄酒。原本培里侬是被派来努力除去气泡的，现在他的任务反过来变成了制造更多气泡。结果自然令他满意。据称，他在尝过一瓶酒之后对其他修士喊道："快来，弟兄们！**我在喝星星**！"培里侬用软木塞取代了之前用来塞瓶口的碎布或实木栓，让酒瓶更能承压，进而容纳更多气泡。后来，玻璃制造技术的必要改进也提高了瓶子的强度，保证酒瓶本身在密封期间不会爆炸。

差不多同一时期，气泡香槟酒在英格兰也流行起来。当时一位名叫克里斯托弗·梅里特（Christopher Merret）的医生

发酵过程中产生的二氧化碳形成气泡

蛋壳与稀盐酸反应，形成二氧化碳气泡

开始往香槟酒中加更多的糖，以促进二次发酵。这种方法还有另外一个用处，就是增加酒精含量。

1728 年，法国国王路易十五为兰斯市颁发了独家许可，使之成为唯一的香槟酒生产中心。15 年后，葡萄酒商克劳德·莫埃（Claude Moët）成立了著名的香槟品牌酩悦（Moët & Chandon），1936 年，该公司将自己最顶级的产品命名为"唐培里侬"，也就是发明香槟酒的那位修士的名字。

要把多溶解的二氧化碳都释放出来，

一杯香槟通常会放出约 200 万个气泡，每个气泡都以接近完美的球形浮到表面。

气泡之所以呈球形，是因为它们所包含的气体往各个方向施加的力相等。你直觉上可能认为，气泡越大，内含的气体压强越大；但事实正好相反：气泡越小，内部压强才越大。

还有另一件怪事：特定量的气体会形成特定大小的气泡，但这个大小的决定因素并不是内部气体向外的推力和外部液体对气泡内部的压力相等的那个点。内部气

体的推力永远大于外部液体的压力。要理解这件事，可以这么想：气泡表面（气液界面）的表面张力也承受了一部分压力。气泡如果较大，如直径1毫米，其表面承压占比就很小，但如果直径只有1毫米的千分之一，那表面张力的占比就很大了。

香槟杯里的压力会随深度增加，这跟在海里是一样的，这纯是因为越深的地方，往下压的液体就越多。（这就是为什么你潜入深水时耳朵会疼，因为施加在耳膜上的压力也增加了。）因此，香槟中的气泡在上浮的过程中会慢慢变大（虽然只会变大一点点），因为上浮过程中向内的压力减小了。仔细观察装香槟的酒杯就能发现这一点。

那问题来了，如果二氧化碳气体均匀溶解在酒里，它们一开始是怎么形成气泡的？组成气体的二氧化碳分子必须有足够的数量聚集起来，在酒液里形成一个肉眼看不见的小空隙，拥有把液体和气体分开的表面才行。分子的这种聚集当然依赖于机缘巧合，不过还有一个重要的原因。气泡想要变大，其表面积就得增长，但表面

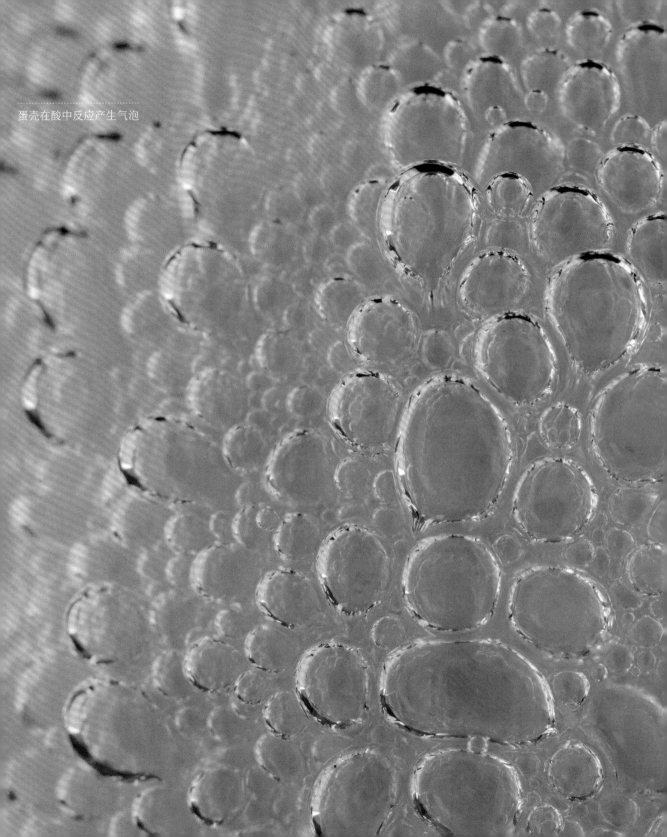

蛋壳在酸中反应产生气泡

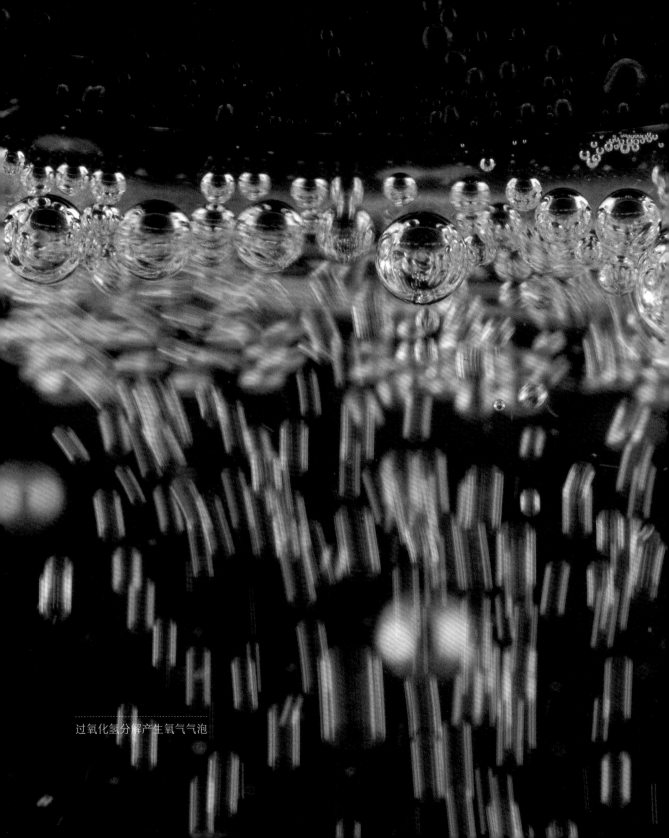
过氧化氢分解产生氧气气泡

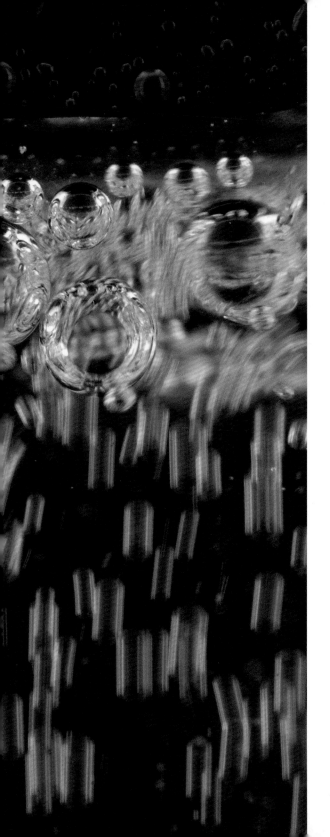

张力有降低表面积的倾向。气泡往往只有增长到直径约 0.002 毫米后，才不会在表面张力的作用下破裂，而会继续增长。

这一过程叫"气泡成核"。气泡形成于固体表面附近有助于成核，因为这会降低表面张力带来的能量壁垒。化学反应中的气泡，以及溶解了过量气体的液体中的气泡，经常出现在表面附近，尤其是形状不规则的表面，如划痕处。这些不规则表面的表面能异常高，因此气体分子容易被吸引到这些位置，聚集成气泡。

香槟酒中的气泡经常会从杯壁的某处出发，形成稳定的气泡流。人们常认为杯壁上的气泡源头一定是小划痕，但其实经常是粘在玻璃上的杂质，比如尘埃颗粒，或者擦杯子时带入的纸巾或布料的细小纤维。完全干净、光滑的香槟酒杯虽然漂亮，但不能让酒在里面起泡。

那为什么气泡总是成串涌出呢？在气泡成核点附近，气体会以稳定的速度积累，但气泡只有达到一定大小后，浮力才足以强到能带它离开表面，而表面处则会有新的气泡开始形成，等待变大后上浮。

有些气泡串会径直往上走，但有些则会在上升过程中摇摇摆摆，走出曲折的线

过氧化氢分解产生的氧气

路。这是因为周围液体的流动会影响气泡的走向。一项因素来自前方的气泡：上升的气泡会把前方的液体推开，这样形成的液体流动会影响下一个气泡的上升，让气泡转向，而且影响会越来越大。此外，大气泡（直径达几毫米）会受周围液体挤压而变形，这也会在液体中造成复杂的尾流，让原本竖直上升的气泡流旋转或拐弯。

一旦到达顶端液面，气泡就会破裂，虽然不一定会马上破裂：一簇簇的气泡可能会积聚在酒液表面，形成小团泡沫。最终，盖在气泡之上的液体会流向一边，最顶上的部分薄到无法承受表面张力，从而破裂，并发出诱人的咝咝声。

气泡破裂的过程复杂得惊人。它会把周围的酒液反弹回去，形成小小的竖直喷射，就像水花一样，溅起微小的液滴。把嘴唇凑近液面，你就能感受到这些液滴，提前品尝一下即将到来的美味。

气泡破裂还会给你的味觉带来另一个更重要结果：气泡在穿过香槟酒液到达表面的过程中，带出了给酒赋予风味的有机分子，包括酒精和有机酸。这些香味物质随着液滴喷洒到你鼻子附近，带来了酒液丰富多彩的香气和风味。在非起泡葡萄酒中，这些风味物质只能通过摇晃杯子散播开来，但香槟自带了风味喷射系统。干杯！

有多种化学途径可以产生气泡。其中一种叫"电解"，是用电来分解水或溶于水中的化学物质，在电极表面形成分解产物（其中可能包含气体），我们会在第六章讲这类反应。还有一种反应是用"活泼"的金属（如锌）将酸溶液（如硫酸）中的氢离子转化成氢气。这种反应叫"置换反应"，就好像锌（元素符号Zn）原子和氢（H）原子竞争与硫酸根（SO_4）离子的结合权，并胜出了一样。[为简单起见，我在这里没有像前面那样，提这些离子带的电荷。硫酸根离子中的下标4表明有4个氧原子（O）跟1个硫原子（S）结合。]

我们可以用化学反应式来表示化学反应，把初始反应物写在左边，把最终产物写在右边：

$$Zn + H_2SO_4 \rightarrow ZnSO_4 + H_2$$

（事实情况是，不管是锌离子还是氢离子，都没有与硫酸根离子紧紧地结合在一起，所有离子都溶解并分散在水中，自由移动。对这个反应更好的理解方式是锌原子比氢原子更容易形成带正电的离子。）

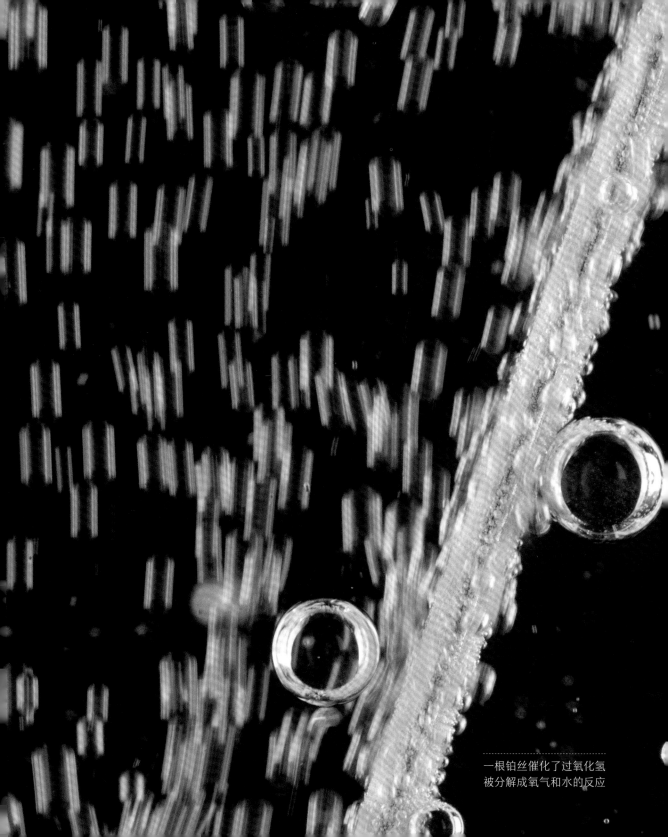

一根铂丝催化了过氧化氢
被分解成氧气和水的反应

氢气就由反应式中的 H_2 分子组成，H_2 分子由氢原子两两成对组成。在锌与硫酸反应的过程中，H_2 分子会在锌金属的表面聚集成气泡。很多学生是将这个反应作为一种制备氢气的方法学习的：我们可以把一个试管倒扣在反应容器上方，而氢气比空气轻，因此会升到试管内，把试管里原本的空气挤出来。收集满以后，氢气可以被点燃，发出令人满足的尖利的爆裂声。

普里莫·莱维在《周期表》中的"锌"一章中描述了他在大学课堂上根据指示完成这项反应时的场景：

第一天，我命该领到制备硫酸锌的任务：这个实验本不该太难，只需要做一个简单的……计算，再把锌粒扔进之前已经稀释好的硫酸溶液中，然后浓缩、结晶，用气泵吹干，再清洗并重新结晶……把硫酸铜溶液从试剂架上拿下来，往硫酸中加上一滴，反应就开始了：锌粒仿佛醒了过来，表面覆盖上一层白色的氢气气泡"皮毛"。这个时候，迷人的反应已经开始，你就可以把它放在一边，自己在实验室里转转，看看别人在做什么。

上 & 下：锌和稀硫酸反应产生氢气气泡
右：锌和稀盐酸反应产生氢气气泡

但他就是在最后这一步上犯错了，主要因为走到了一个忙着同样任务的"苍白、哀伤"的女青年身边，她名叫丽塔。羞涩的莱维自感找到了跟她搭话的机会。"那一刻，丽塔和我之间有一座桥，一座由锌组成的小桥，摇摇欲坠，但尚有商量的余地。"他写道。

这样一来，被他抛诸脑后的实验就更糟了——不过最后结果还是给了他些安慰：

我的硫酸锌浓缩失败，在硫酸溶液被蒸发殆尽，变成令人窒息的雾团

之后，只剩了一点白色粉末。我丢下它不管了，去问丽塔，能不能送她走回家。

哪怕是我们，也得承认，有时候有比化学更重要的事。

延伸阅读：

Atkins, P. W. *Atoms, Electrons, and Change*. New York: W. H. Freeman, 1991.

Liger-Belair, G. *Uncorked: The Science of Champagne*. Princeton: Princeton University Press, 2004.

一根镁条在稀硫酸里产生的氢气气泡

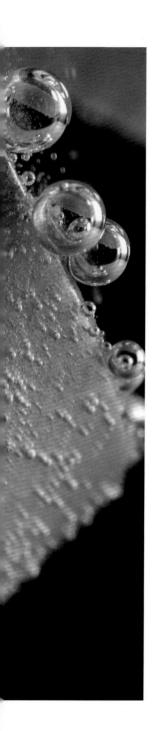

我是一名化学家兼工程师，我以最深的敬意看待着这个生机勃勃的世界。自然本身就是一位出色的化学家以及迄今为止最优秀的工程师，它创造了在差异极大的各种环境下繁荣生息了几十亿年的生命。很多人，包括我在内，都为各种生命系统的美和强大所鼓舞：它们创制了令人惊叹的多种化学变化，其产物复杂多样，作用繁多。用简单、充足且可再生的初始材料，大自然就构造出了这些精致、特异又高效的系统，对此我深感敬畏。

这些化学反应来自何处？来自酶，也就是由 DNA（脱氧核糖核酸）编码的蛋白质催化剂。这些分子机器执行起化学反应，没有人类可以匹敌或掌控，生命因此才成为可能。

大自然创造这些酶催化剂，乃至生物界中其他一切的过程，也同样令人敬畏。这个过程就是演化，正是它在 30 多亿年前创造了地球上的一切生命，并产生了如今纷繁的多样性。生命是最伟大的化学家，而演化正是她的设计过程。生物系统是可持续化学反应的优秀模板，它们利用的是充足且可再生的材料，相当一部分产物还可以回收。我梦想着有一天很多化学反应都能通过基因来编码，微生物和植物都成为我们的可编程工厂。

弗朗西丝·阿诺德（Frances Arnold）
2018 年诺贝尔化学奖得主

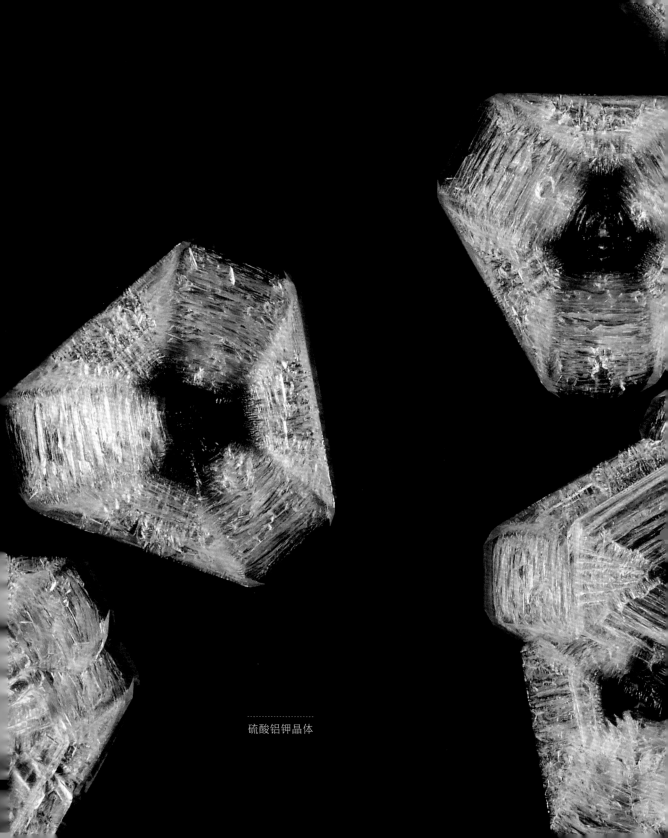

硫酸铝钾晶体

第二章

有序：晶体的魅力

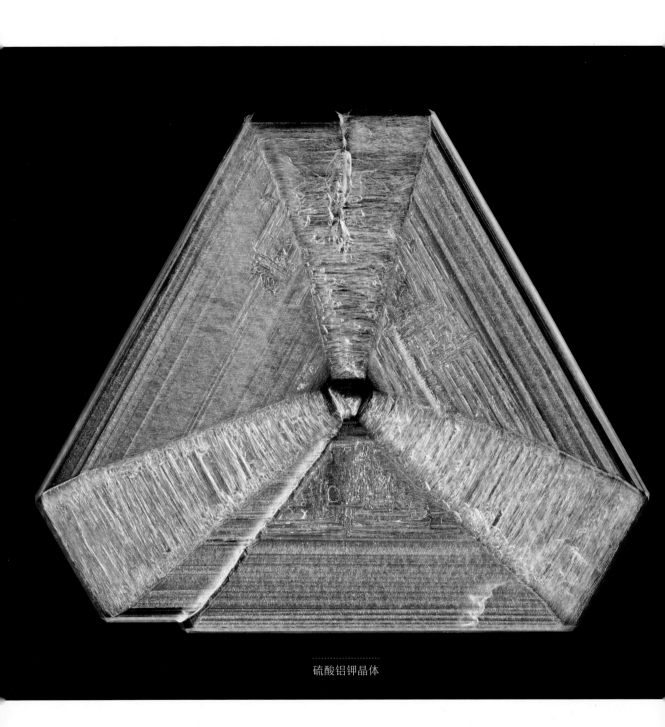

硫酸铝钾晶体

晶体会施法术。它们有一种异世界的质感：璀璨的闪光，独特的几何结构，棱镜般的形状，剔透的颜色似乎还会向深邃的内里移动直至消失。在《圣经》中，它们代表着纯洁和忠诚：《启示录》称新耶路撒冷城会在基督再临后出现，"城的光辉如同极贵的宝石，好像碧玉，明如水晶"。12 世纪，法国修道院院长絮热（Sugar）称上帝的神圣之光就像宝石的闪光，他位于巴黎附近圣但尼（Saint-Denis）的教堂中有包裹着珠宝的物体，对着它们沉思可以让信徒更接近上帝。不过，或许他只是想为对这些珠宝的爱找个正当理由罢了。

晶体一度广泛被认为拥有特殊的力量：医学的、魔法的以及精神的。人们相信绿宝石可以缓解眼睛的疲劳，紫晶可以驱避雹灾和蝗虫，碧玉可以让你隐形。很显然，这些宝石并没有这类功效，也没有证据表明晶体有任何疗愈之能，但这些迷信看法仍然长盛不衰。当然，人们曾经相信这些观念（有些甚至延续至今）也情有可原，**晶体自身的美确实有如香膏，能抚慰身心。**那又何必去寻其他的魔力呢？

如果在过去的某个时期，你相信古希腊哲学家柏拉图的猜测，认为大自然由几何学主宰，那晶体的形状似乎就为这一观念提供了佐证：若非如此，晶体怎会产生如此平坦光滑的表面，表面交会出如此完美利落的夹角？为什么所有食盐（化学家称之为氯化钠）都会长成立方体的形状，而石英（二氧化硅）则会形成尖端成锥形的棱柱？

17 世纪初，德意志天文学家、数学家约翰内斯·开普勒思考了这个问题，最终只能认为大自然拥有一种他所说的"形成之能"，倾向于形成有秩序的几何结构。他说："她了解整套几何学，并精熟于将其付诸实践。"

如今我们不需要再退回这些模糊的神秘主义思想了，不过这也要部分地归功于开普勒本人。在思考雪花的形状以及它们总是呈六角形的原因时，他想到，这种几何外观有可能来自凝结的水"小球"（冰粒）有规律的堆积，就像大帆船甲板上成堆的炮弹那样。

关于这类排布，今人更为熟悉的例子大概是斯诺克等类比赛开局时摆在三角框框里的台球。有 15 个球紧挨在一起，中间的球周围都有 6 个球，形成六角形排布。

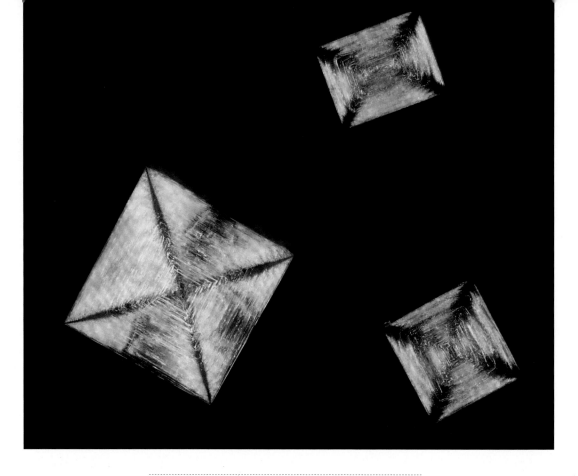

上：食盐（氯化钠）晶体　　下：石英（二氧化硅）晶体

你可以在这 15 个球形成的三角形上面再盖一层球，每个球都放置在下面的相邻三个球围成的凹槽上。这层只能放 10 个球。以同样的方式，还可以在第二层上放第三层球，这次只有 6 个位置了。再往上，第四层可以放 3 个球，第五层只能放一个球，形成一个尖顶。

这样一来，台球就堆成了一个"金字塔"，每一面斜坡都呈三角形。这个金字塔表面平直，每个角都相等，形状也完美：就像晶体一样。事实上，晶体跟这个台球堆成的金字塔也正相似——开普勒说对了，不过他说的"小球"其实是原子，而晶体的每个面包含万亿级这样的"小球"。

台球金字塔的排布方式叫"六方最密堆积"，是空间利用率最高的球体堆积方式，留下的间隙最少。不过，有规律的堆积方式不止这一种，还有一种立方堆积，会形成立方体或长方体的晶体，表面为正方形或长方形。在原子尺度的晶体结构研究中，这种有规律重复的几何结构叫"晶格"。物体在三维空间中能排列出 14 种规律晶格，也就是 14 种对称性。所有晶体的结构都对应于这 14 种晶格中的一种。

每种晶体的结构都是组成它的原子按某个特定的排布不断重复的结果，就像仓库里堆箱子那样。晶体结构的基本组成部分叫"晶胞"，它就相当于一个"箱子"，组成晶体的原子都会以固定的方式装进"箱子"里。通常晶体的形状会反映晶胞的形状，例如晶体形状为立方体的食盐，其晶胞形状就是立方体，组成它的是氯原子和钠原子（其实是氯离子和钠离子，因为它们带电荷；氯化钠的晶胞结构图见附录）。

自然矿物和宝石平滑的表面，是由数不清的原子按精确的数学规律排列堆积而成的。每个晶胞可能会包含多个原子，例如，氯化钠的每个晶胞包含 4 个钠原子和 4 个氯原子。有些晶体的晶胞结构会非常复杂，例如一种叫沸石的矿物，其晶胞中的原子（通常包含硅、铝、氧和其他金属原子）会排列成环甚至成笼，形成分子尺度的通道，打通整块材料，宛如巴黎的地下墓穴。分子只要以规律的阵列堆叠在一起，就会形成晶态，不管分子本身内部的结构多么不规则、不对称，只要它们规律地排列在一起就行，就像停车场里的汽车那样。这里，晶胞就有点像停车场里的长方形车位：车位彼此排列成简单的几何网格，而其内部的东西不管有什么把手、鼓包或曲面都没

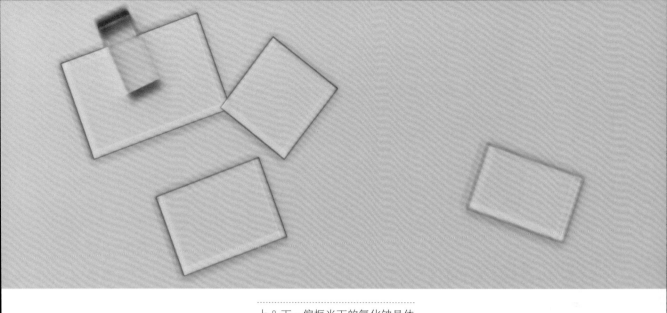

上 & 下：偏振光下的氯化钠晶体

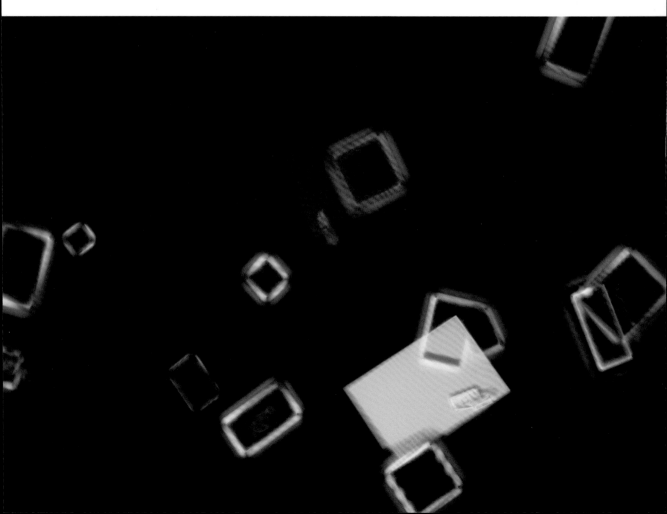

关系。因此，就算肉眼看到的晶体整体呈现出规律的几何形状，其内部分子也可能有不规则的排布。

虽然古希腊人并不了解晶体形态的原子根源，但他们很了解晶体是怎么形成的。古希腊语的"晶体"叫 krystallos，来自 kryos（意为"冷"）和 systellein（"聚拢"）：晶体是因寒冷聚拢而成的。想想冰，就是水结成的晶体。古罗马作家普林尼在伟大的百科全书《自然史》（成书于 1 世纪）中说，"石晶"（即石英）是"一种冰……系潮气结成纯雪，从天而降"，相当于一种永冻之冰。

当然，普林尼说的不对，石英根本不是冰，而是由硅原子和氧原子组成的。（实话说，普林尼的话很多是错的。比如他认为把钻石在山羊血中打湿会让钻石变脆，这证明他从未亲身做过实验，只是在别的地方看到了这个说法。而科学精神是你不能把别人的话当真，而要亲自实验，这才是科学的标志。）

但晶体确实可以通过冷却来产生，如今的化学家也经常用这种方法来制备晶体：把某种化学物质溶解在一种温暖的溶剂中，然后冷却溶液，晶体就会开始生成。

为什么要制备晶体？不仅仅是为了产生某种好看的东西，虽然晶体通常都很好看。在化学中，一旦你通过化学反应合成出了你想要的化合物，那最好就制备出它的晶体，理由有二，其中之一是提纯物质（后面再讲第二个理由）。形成晶体的过程中，分子会紧密堆积在一起，不给任何不合适的东西（如溶液中的杂质）留空间。因此，就算溶液中含有微量杂质，其中生长出的晶体通常也会更纯净。

结晶是提纯化学物质的一种简单可行的方法。通常化学家会重复多次这一提纯过程：制备晶体，将它再次溶解在热溶液中，再次冷却重结晶，周而复始。每次结晶后，晶体的纯度都会进一步提高。

让我们更仔细地思考一下结晶过程。用原子的有序排列来解释晶体的几何形状是一回事，但要解释在溶液中随机漂流的原子如何聚集在一起，形成规律的固体结构，则完全是另一回事。

晶体是自行组装而成的，就好像每个原子知道自己要去哪儿一样。显然，原子并没有如此的自知之明。但大自然从能量

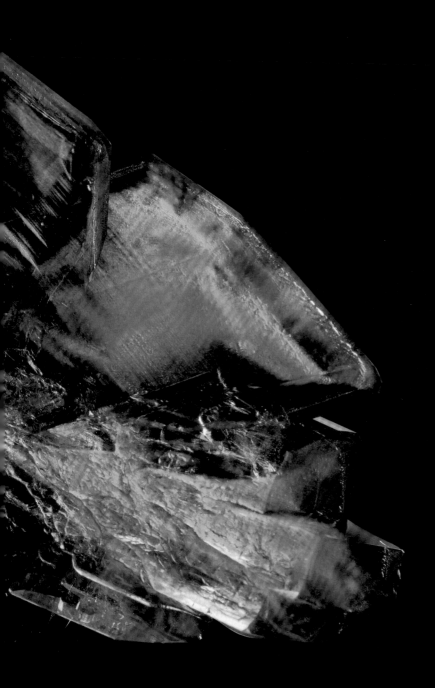

硫酸铜晶体

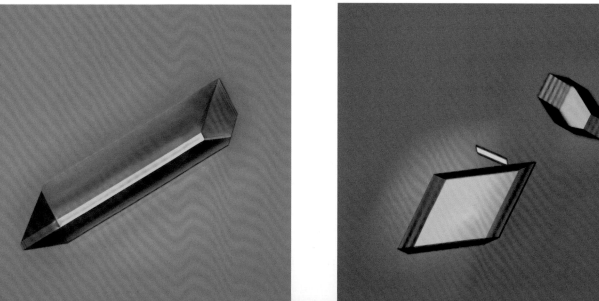

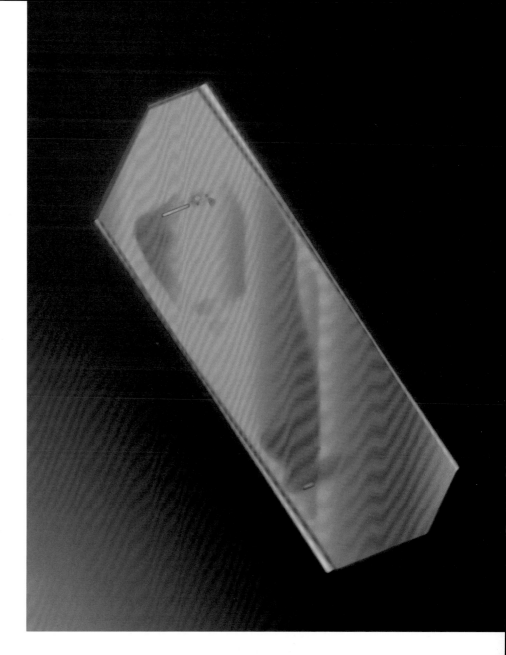

左页：硫酸铜晶体
右页：偏振光下的
　　　硫代硫酸钠晶体

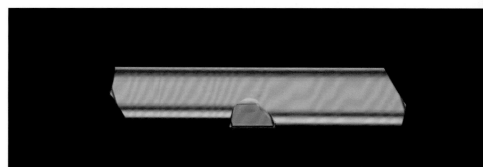

和稳定性着眼，为实现这种有序结构提供了更大的格局。大自然中发生的过程一般倾向于往最稳定的方向进行，这就是为什么水往低处流（本书后文会对这一标准稍加详论）。而晶体的自组装也类似于水往低处流的过程：原子或分子加入晶体结构之后，会安顿在能量上更为稳定的位置。这个过程中可能包含一点调整：原子不会一接触生长中的晶体表面就扎根在那儿，而是会在表面上游荡，直到找到一个舒服的位置才固定下来，而这个位置是由晶格中已有原子的位置决定的。想象把一堆乒乓球放进某个巨大的鸡蛋格就明白了：轻轻晃动鸡蛋格，乒乓球最终会一个个停在凹槽里，形成有序的排布。

但是，原子在堆积形成晶体的过程中也是会产生错误的，这种错误叫"晶体缺陷"，比如晶格中的两列原子合成了一列。没有什么是完美无缺的，缺陷会在晶体中造成薄弱点——不过金属的延展性（受力变形时弯曲而非断裂）正来自晶格的重组。

那为什么晶体会在冷却的溶液里产生呢？这是因为，一般而言，温度较高的液体能溶解的物质更多。如果溶液很稀，温度可能不太重要，但如果溶液溶解某物质已达极限，无法继续溶解该物质（科学家称之为"饱和溶液"），那么降低温度就会让一些溶质析出。溶液还可能呈"过饱和"状态，一部分液体蒸发后，溶质也会析出，因为液体蒸发后剩下的溶液就更浓了。

同样，过饱和溶液中溶质的结晶总得有个起点：原子首先要聚集起来，开始生长成晶体。由于被溶解的原子和分子的运动是随机的，受溶剂分子来自各方向的撞击，因此最初晶体"种子"的形成是个概率问题。不过，一旦"种子"长到大于某个临界体积，就会触发雪球效应，即更倾向于继续长大而非再次分裂，晶体生长也由此开始。这个过程叫"晶体成核"，与前一章讲的"气泡成核"很像。

化学家要生长晶体的第二个理由是：结晶后，他们可以分析化合物中含有哪些原子和分子，以验证自己是否制备出了想要的化合物，或是分析出分子的形状。

这可以通过 X 射线来实现。X 射线是一种电磁波，可以理解成一种能量很高的形式的光（见第八章）。晶体包含层层堆积的原子，这一层层的原子可以反射 X 射线，

磷酸二氢钾晶体

硫酸铵晶体

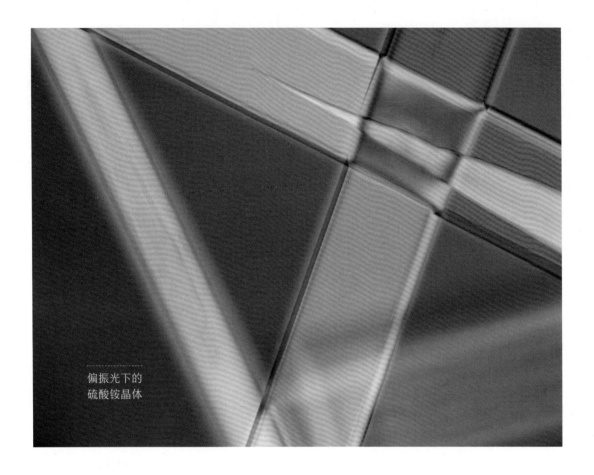

偏振光下的
硫酸铵晶体

就像镜子反射光一样。由于 X 射线的波长（相邻波峰间的距离）跟相邻原子层之间的距离比较接近，这一层反射的 X 射线会与下一层反射的 X 射线相干涉。波峰与波峰可能重叠，此时光会变得更亮，而波峰与波谷重叠时，光就会被抵消。由此产生的结果是，从晶体上反射出来打在探测器上的 X 射线，会形成一片明暗点交替的图案。这种干涉图案就编码了原子层的排布。

通过对所谓的 X 射线衍射图样的数学分析，科学家可以弄清楚原子之间的相对位置。这种技术叫"X 射线晶体学"，诞生于 20 世纪 10 年代初，很大程度上是由威廉与劳伦斯·布拉格（William and Lawrence Bragg）父子两人合作建立的，当时小布拉格还在剑桥大学读本科。两人的工作马上就派上了用场，被证明极其重要，于是二人在1915年就被授予了诺贝尔奖。

布拉格父子针对盐类和宝石晶体展示了他们的新方法。他们最初的研究对象之一是钻石，一种纯由碳原子组成的晶体形式。研究使用的优质样品来自剑桥矿物学实验室的收藏，虽然矿物学系教授威廉·刘易斯（William Lewis）严格禁止借出这类珍贵样品，但助教阿瑟·哈钦森（Arthur Hutchinson）冒着风险，背着刘易斯把样品借给了布拉格父子。"我永远不会忘记哈钦森的恩情，他给一个初出茅庐的年轻学生开了个矿物'黑市'。"劳伦斯·布拉格后来写道，"我的第一批样品和最初的建议都来源于他，恐怕刘易斯教授到最后都没有发现我的样品是从哪里来的。"

X射线晶体学帮助科学家首次一窥原子世界本身，让他们能推导出分子形状，也就是原子是如何在三维空间中相连的。研究者尤其渴望发现生物分子的形状和结构，因为这或许能揭开生物分子在活细胞中如何行使功能的奥秘。以血红蛋白分子，即红细胞中负责运送氧气的分子为例。20世纪50年代，奥地利-英国科学家马克斯·佩鲁茨（Max Perutz）及合作者开始研究血红蛋白分子的结构，到1960年，他们就已经绘制出了该分子结构的模糊图像。和所有蛋白质一样，血红蛋白是由一种名为"多肽"的链状分子折叠成特定形状而成的。蛋白质包含几百甚至数千个原子，而要通过蛋白质晶体反射的X射线图样找出每个原子都坐落在什么位置，是一个极其艰难的任务。

晶体学产生的诺贝尔奖比其他任何一个科学领域都多，证明它在物理学、化学、生物学、矿物学及更多其他领域都举足轻重。佩鲁茨在1962年获得了诺贝尔奖。两年后，多萝西·克劳福特·霍奇金（Dorothy Crowfoot Hodgkin）也获得了诺贝尔奖，她在20世纪四五十年代率先用这种方法测定了很多人想都不敢想的复杂分子结构。1949年，她发表了青霉素的分子结构，青霉素是科学家发现的首批抗生素之一，能抑制细菌性疾病以及伤后或术后的感染，彻底改变了医学。1954年，她又解出了维生素 B_{12} 的结构，进一步巩固了她"晶体学教母"的地位。她花了长达30年的时间研究胰岛素这种激素的结构，最终于1969

上 & 右：蛋白质晶体（样品提供人：朱洁，
中国科学技术大学结构生物化学实验室研究生）

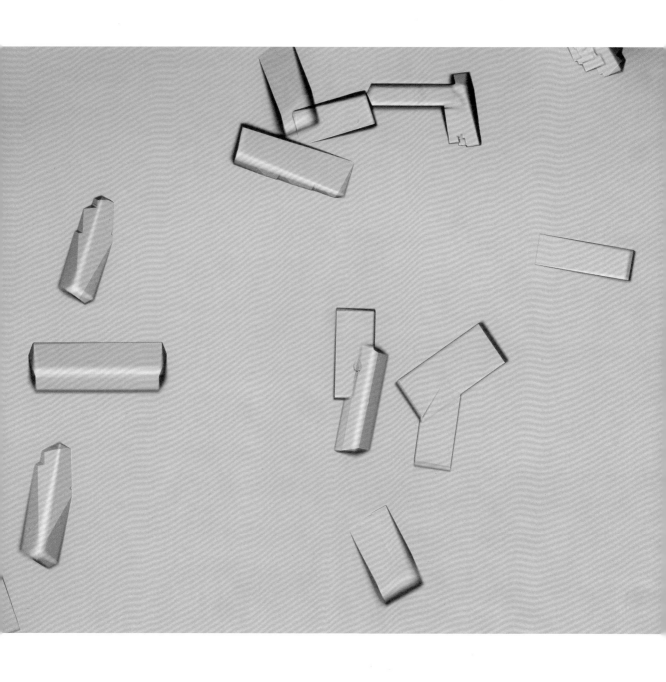

年攻克了这一难题。

而在所有因破解晶体结构而获得的诺贝尔奖中，最著名、最具里程碑意义的或许是1953年詹姆斯·沃森（James Watson）、弗朗西斯·克里克（Francis Crick）、莫里斯·威尔金斯（Maurice Wilkins）和罗莎琳德·富兰克林（Rosalind Franklin）推导出的DNA双螺旋结构。富兰克林在颁奖的1962年之前因癌症去世，否则在那个女性的科学贡献常被边缘化的年代，可以想见诺奖委员会面对最多三名获奖者的名额限制会怎么做。

DNA不是蛋白质，而是属于一类名为"核酸"的生物化合物。正是这种分子编码了基因，而后者掌管着所有生物的发育及遗传特征。每个DNA分子包含两条链，互相缠绕成螺旋状，并通过横跨两条链的弱化学键"咬合"在一起。"我们发现的结构非常美丽。"克里克在和沃森刚刚发现双螺旋结构时，这样写信告诉自己的儿子。在探索DNA结构时，他们需要依赖与威尔金斯合作的富兰克林及其学生雷蒙德·戈斯林（Raymond Gosling）拍摄的X射线衍射图样。DNA成对的两条链登时向克里克和沃森揭示了细胞分裂时基因复制的方式：

两条链皆可独立作为模板，新链可基于任一条组装出来（这个过程需要特殊的DNA复制酶的帮助）。借此，晶体结构揭开了生物学中最大的奥秘：遗传信息是如何传递给后代的，这对生物演化至关重要。

正是由于晶体对于我们了解复杂分子及化合物的结构非常有用，科学家才花这么大的力气制备它们。不过，**制备晶体可以说是种"妖术"**。跟园艺一样，有人就是长着"绿手指"，能让种子长成植株，有人就是擅长长晶体，能他人所不能。晶体要生长，也需要一开始有"种子"，以催化成核过程。化学系学生会学到，只要用玻璃棒刮一下烧杯壁，就可能引发溶液结晶。这道细得看不见的划痕就给了原子和分子一个"抓手"，让它们纷纷附着其上，开始生长过程。一个尘粒也可能起到同样的作用，或者是一场纯属巧合的意外事件。英国化学家戴维·琼斯（David Jones）曾回忆说："有一次，我合成的新化合物怎么都不结晶，直到我一不小心把其中一些洒在了实验室的冰箱里，某种东西成了种子，我洒出来的液体结晶了！"今日的一些触发晶体生长的手段要更可靠，也更高科技：爱丁堡的一个团队在2009年发现，极短

食糖（蔗糖）晶体

的激光脉冲就能触发晶体生长，他们用这种方法在凝胶片上画出了图样。

生长蛋白质晶体是一项尤其值得追求的目标，但这事儿比较靠运气——有些蛋白质甚是固执，怎么都不肯结晶。而还有一些蛋白质的问题在于，它们一开始就很难溶于水，因为它们被（演化）"设计"得不溶于水，而是溶于脂性的细胞膜。科学家在研究如何"鼓励"这类膜蛋白排成有序的阵列，好供晶体学研究。他们也在开发更亮的 X 射线源，好从很小的晶体上也能收集到足够的反射 X 射线，供晶体学分

析，这样制备晶体的任务就不那么难完成了。其实，光源强到一定程度，连晶体都不再必需：利用如今最亮的 X 射线，我们正在接近用单个分子散射的 X 射线就能推断出分子结构的目标。若能做到这一点，分子结构研究必将迎来革命。

晶体生长不仅出现在试管或烧杯里，也出现在很深的地下。溶解了饱和金属盐的水缓缓流过岩石裂缝，并受地球内部的固有热量或从炽热的地核附近涌出的大片岩浆加热。一旦降温，这

磷氯铅矿晶体

钒铅矿晶体

些盐溶液就会慷慨馈赠——结晶成矿物和宝石。16 世纪的德意志矿物学权威格奥尔吉乌斯·阿格里科拉（Georgius Agricola）称之为"凝固的地球之汁"。

　　在阿格里科拉的时代，采矿是一门赚大钱的生意。他关于这个主题的重要论著《论矿冶》（De re metallica，1556）本身是一本实操指南，但也以诗一般的语言唤起了人们对矿井深处神奇地下世界的向往。

光是冗长的矿物名就足以召唤出地下的奇迹：天青石、硅孔雀石、雌黄、雄黄。有些矿物颜色非常明艳，会被磨成细粉，用作画家的颜料。在阿格里科拉的时代，有一种叫"钴蓝"（zaffre）的颜料，其深蓝的颜色就来自它含有的钴元素。这种矿物的名字和"蓝宝石"一词（sapphire）同源，虽然真正的蓝宝石的蓝色来自另一种化学元素。金属元素钴的英文名（cobalt）

左：黄铁矿（硫酸亚铁）晶体
中＆右：氟盐（氟化钙）晶体

来自德语词 Kobelt，意为"地精"或"小妖"，因为直到阿格里科拉的时代，还有很多人认为是这些生物掌管着矿物所在的隐藏洞穴，还会折磨寻找矿物的人。19 世纪初，诗人约翰·济慈在抱怨科学毁掉了世界的奇迹与奥秘时也呼应了这一想法，说科学会"清空空气中的鬼魂，以及矿里的地精"。

但济慈并没有必要为此苦恼。理解了矿物晶体如何从地下富含金属的高温流体中诞生，并不会剥夺任何人赞叹自然奇迹的机会——如果他们有幸一瞥墨西哥奇瓦瓦州的奈卡（Naica）洞穴的话。这些大洞穴里藏着大自然最壮观的艺术品之一：巨大的石膏矿物（一种形式的硫酸钙）晶体，在数万年间从高温的液体中沉淀出来。这些洞穴的所在地是一座铅和银矿，于 19 世纪初开始运转，第一批包含这些巨大晶体的洞穴发现于 1910 年开矿期间。这些石膏晶体已长成巨大的近透明的棱柱，贯穿整个空间，最大可达长 11 米、宽约 1 米。在洞穴内的照明下，它们发出的光泽宛如冻结的月光。

在奈卡错综复杂的断层网络中，很可能还有更多洞穴，其中说不定还有更大的晶体。不过，为了保护这些自然奇迹，游客只能一小群一小群地进入参观，还要经过矿井管理方的许可和监督。尽管如此，对这些晶体的科学研究表明，它们还是面临着风险：由于矿井中的水被抽干，晶体不再浸没于液体之中，失去支持，于是其强度可能降低，甚至开裂。过去，人类努力开采地下丰沛的资源，而现在我们想要保护它们——地下晶体的大美激发了我们的保护愿望（也该当如此）。

晶体的生长遍布宇宙。高层大气中水蒸气形成的冰粒组成的云叫"夜光云"，在极地地区的黄昏时分会反射阳光从而发亮；在矮行星冥王星冰封的表面，有氮晶体组成的整条山脉；在土星大气炽热而致密的内部深处，据称也有碳原子不断地结晶成纯金刚石（钻石）小颗粒——可能每年产出 1000 吨；在 41 光年外的恒星周围被发现的行星"巨蟹座 55e"，据说碳含量格外丰富，其 1/3 的质量可能都是纯金刚石。

在通常都是动荡而暴力的宇宙里，也有秩序的种子。我们在实验室里观察到的晶体生长过程，就是自然界最普遍的创造行为之一：原子排列成有序的集体，表达出了大自然的几何之梦。

延伸阅读：

Carreño-Marquez, I. J. A., et al. "Naica's giant crystals: deterioration scenarios." *Crystal Growth and Design* 18, 4611-4620 (2018).

Ferry, G. *Dorothy Hodgkin: A Life*. London: Granta, 1999.

García-Ruiz, J. M., et al. "Formation of natural gypsum megacrystals in Naica, Mexico." Geology 35, 327-330 (2007).

Hargittai, I., and M. Hargittai. *Symmetry: A Unifying Concept*. Bolinas, CA: Shelter, 1994.

Jenkin, J. *William and Lawrence Bragg: Father and Son*. Oxford: Oxford University Press, 2008.

Kepler, J. *The Six-Cornered Snow Flake*. Oxford: Oxford University Press, 2014.

Tatalovic, M. "Crystals grown in a flash." Nature online news, 5 August 2009. https://www.nature.com/news/2009/090805/full/news.2009.801.html.

上：硝酸钾晶体　　下：氯化钾晶体

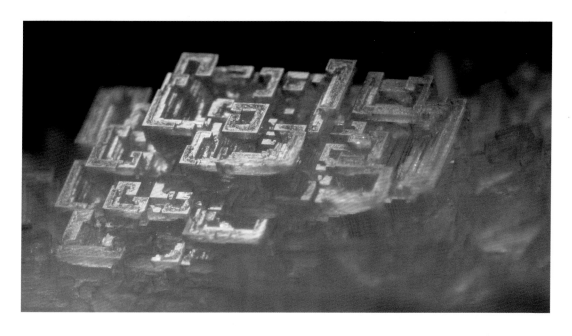

醋酸钠晶体

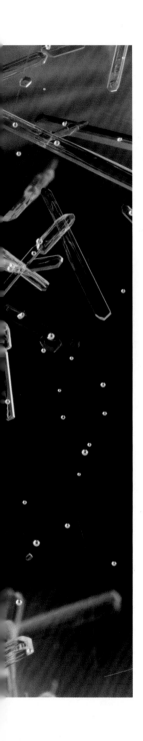

在宏观世界，化学之美可以像本书中的图片这样呈现在我们面前。而在微观世界，在讨论元素和原子时，我们就无法通过视觉来感知它们了。还没有显微镜能让我们仔细观察原子。但这种看不见的东西正是物质结构的本质。对于一个看不见摸不着，也没有气味、味道和颜色的东西，我们还能讨论它的美与和谐吗？

可以是可以，但只能在想象里。这里的美，来自对所论主题的深刻理解。能够描述原子行为的不是牛顿力学，而是量子力学。原子没有运动轨迹，在那个尺度，甚至时间和空间都会互相转换。微观世界中的一切都不同于宏观世界。但美与和谐并非物质概念，它们可以在微观世界中继续存在，并获得新的含义。而原子带给我们的美感，并不逊于我们从这些宏观世界的奇妙图片中所获的感知。

尤里·奥加涅相（Yuri Oganessian）

俄罗斯杜布纳联合核子研究所

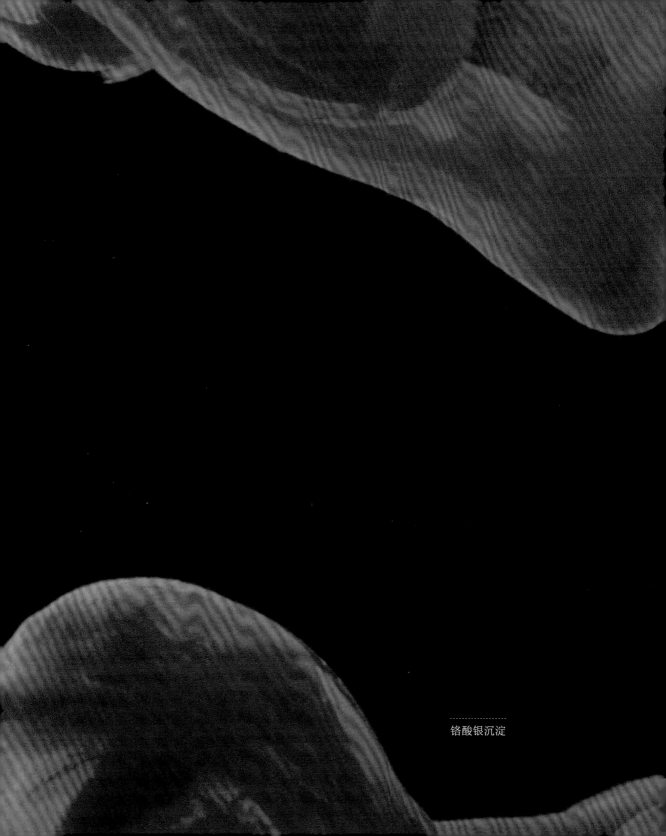

铬酸银沉淀

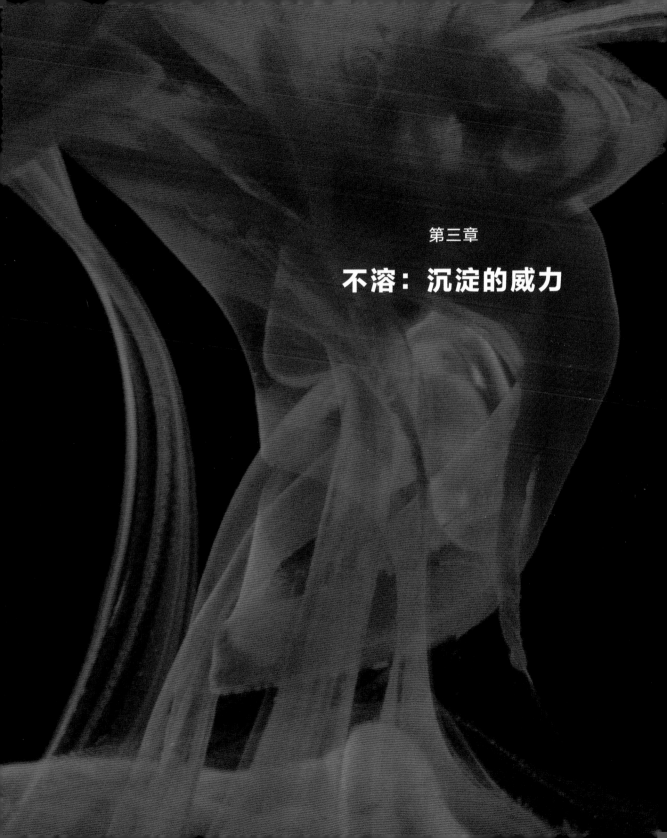

第三章

不溶：沉淀的威力

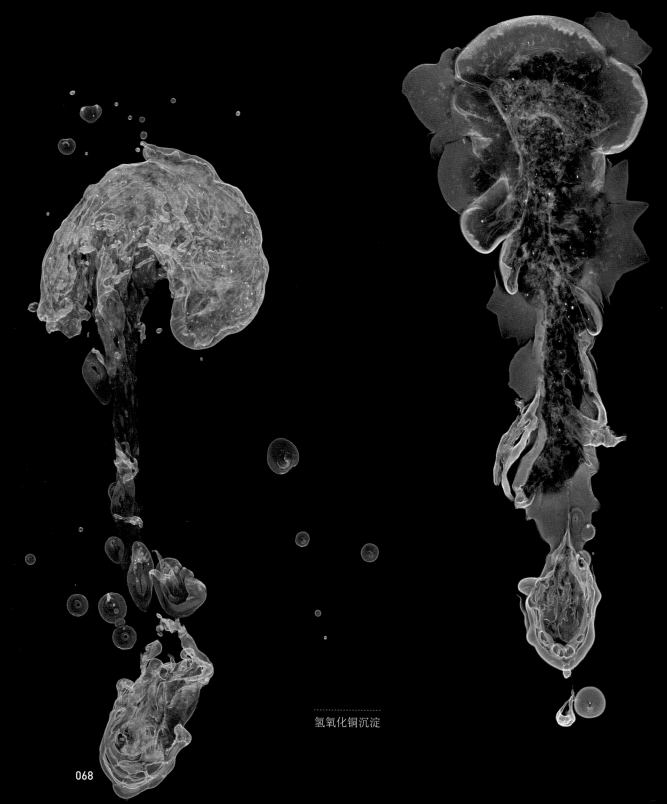

氢氧化铜沉淀

化学中各类过程的名称很能引人遐想，暗示着这门学科古老又近乎仪式特征的一面：蒸发，蒸馏，沉淀……这种氛围笼罩着实验室的日常操作：化学实验工作经常重复而令人厌倦，但也有堪称虔诚的一面，需要耐心、谨慎和觉知。普里莫·莱维用他特色的抒情语言描述了这种态度：

> 蒸馏很美。首先因为它是一项缓慢、充满哲思而又安静的工作，你手上要不停地忙，但又有时间想别的事情，有点像骑自行车。其次，它包含从液体转变为（看不见的）气体，再从气体变回液体的过程，但在这上下来回的过程中，我们获得了"纯净"这种模糊而又迷人的条件，它始于化学，但意义远不止于化学。最后，你开始蒸馏时，会意识到自己在重复进行多个世纪以来的祝圣仪式，近乎一种宗教行为：从不纯的材料中提取出本质……精华。

最后这个"精华"（spirit）就告诉了你，化学与宗教的类比并非随意或流于表面。化学实验室里曾满是被从业者称为"精华"的各种东西：盐的精华（盐酸），酒的精华（乙醇），鹿角的精华（氨）。这些"精华"通常是蒸馏其他物质得来的：加热让更易挥发或蒸发的化合物逸出到空气中，再经过冷凝重新变成更纯净的液体。早先，人们相信容易挥发但可触可感的化学"精华"和灵魂或说本质之间确有某种相似。

16—17世纪，随着我们所说的化学这门学科的发展完善，有些从业者开始真心地认为，实验室中的坩埚和曲颈瓶里发生的转变过程，如蒸发、沉淀、提纯等，和发生在更广阔世界中的转变过程是等价的。你可以想象烧瓶里存在着一个宇宙。所谓的"化学哲学"，基本思想就是认为"宏观世界"可以反映在人体和化学实验用玻璃容器里的"微观世界"之中，因此研究其中一方即可了解另一方。当时的人认为，人体健康受一种名叫"体液"（humor）的蒸汽或精华所影响，体液有升降兴衰。而化学哲学家则认为，化学（那个时代大多叫"炼金术"）反应可以模拟自然界发生的过程：水蒸发升入天空，再凝结成云和雨落下，正和蒸馏过程中的液体循环一样——彼时蒸馏在酿酒过程中已经发挥了重要作用。即使是《圣经·创世记》中描绘的世界起源，那个水域分开、露出干燥地面的时代，也与化学（炼金术）转变有关。因此，英语中的 precipitation 这个词，时至今日依然既指雨雪的降落，又指化学溶液中固体物质的沉淀，并非巧合。

我们小时候就知道有些东西（如盐）可溶于水，有些东西（如沙子）不溶于水，但实际上这句话并不完全正确。问题在于每种东西在多大程度上能溶于水。所有物质都能溶于水，只是有的溶得少，有的溶得多。你可以一直把糖加进水里，直到形成黏稠的糖浆。

溶解度的标准很难捉摸。以最经典的沉淀实验为例：把氯化钡溶液和可溶硫酸盐（如硫酸钾）的溶液混合在一起。两种溶液都是无色的，看起来跟水没什么区别，只是里面装满了钡离子、钾离子、氯离子和硫酸根离子；但两种溶液混合在一起，就会升腾出一团不溶于水的白色硫酸钡细颗粒，宛如天上的积云。

这太奇怪了。很明显，组成硫酸钡的两种离子各自都是可溶的，那为什么它们进入同一份溶液中以后不能继续溶于水呢？大多数化学教科书对这个问题都一带而过，令人抓狂。它们讲了一个名叫"溶度积"的量，粗略说就是把溶解度有限（如硫酸钡）的盐溶液里所有离子的最大可能浓度乘起来。根据溶度积，我们可以预测随着离子浓度的增加，什么时候化合物会形成沉淀。

这种方法或许好用，但它只是个描述并非解释（要小心：科学中有很多伪装成解释的描述）。对于为什么各自都可溶的两种离子放在一起就不可溶了（并会形成沉淀），它没有提供任何线索。真正的解释和对任何化学反应的解释一样，来自能量。反应的结果依赖于系统能量的整体变化（严格说是"自由能"的变化，见第八章）。带有相反电荷的离子，如钡离子和硫酸根离子，倾向于互相吸引，粘在一起，形成固体。只有这种倾向受到抑制时，它们才会留在溶液里，比如离子攀附在周围的水分子形成的壳层上，比摆脱水分子、聚集在一起形成晶格在能量上更为稳定的时候。而哪种情况更为稳定，依赖于具体的离子种类，对钡离子和氯离子的组合而言，攀附在水分子壳层上更稳定；而对钡离子和硫酸根离子的组合来说，则相反。但除

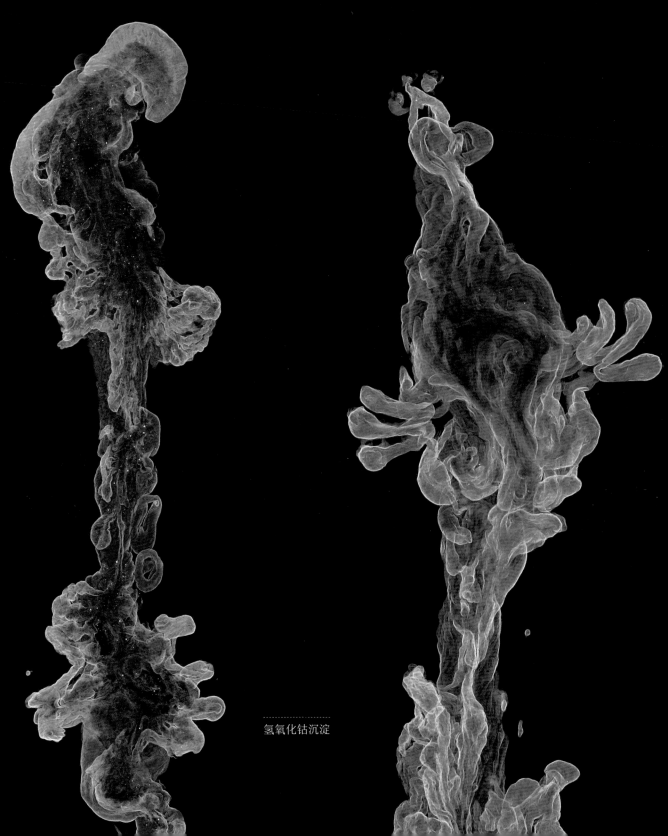

氢氧化钴沉淀

白色的硫酸钡
沉淀时宛如落雪

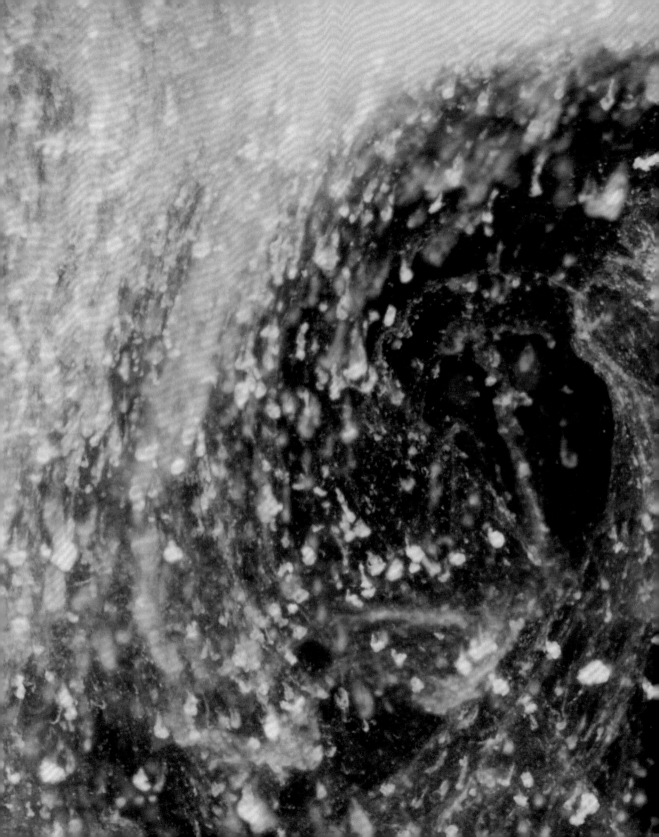

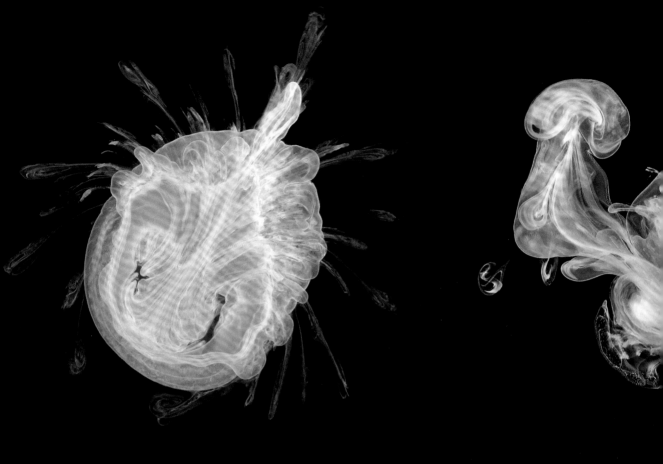

对这种事情形成化学家的直觉，否则你不太可能预测到天平会向哪个方向倾斜。

很多离子易溶于水（化学家称之为"形成溶剂合物"/solvated，即被溶剂包络），这是一条普遍的规则。水分子是极性的——它的一头（氧原子）略带负电，另一头（氢原子）略带正电——因此通常可以包络在离子周边，让带与离子相反电荷的一头靠近离子，这种排布在能量上比较稳定。水

分子的极性使水非常适合溶解离子，因此各种盐及多种矿物质都易溶于水。水也容易溶解其他极性分子，即电荷分布不对称的分子，如乙醇等醇类物质。乙醇可与水以任意比例互溶，从麦芽啤酒到葡萄酒再到威士忌。

出于同样的原因，水也很适合溶解糖类。不过醇类和糖类的可溶性还来自水的另一个特殊性质：它能形成一种名为"氢

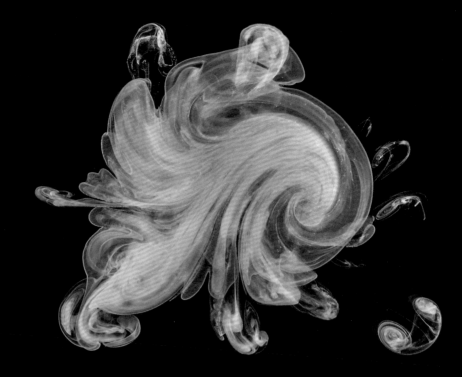

硫酸钡沉淀

键"的弱化学键。氢键来自氢原子和带有
"孤对电子"的原子之间的电（至少很大程
度上是电荷间的）吸引力。氧原子和氮原
子是拥有这种孤对电子的最典型代表。在
氢键中，与氢原子相连的原子倾向于拉住
电子，从而让氢原子获得些许正电荷——
氧原子和氮原子与氢原子相连时都有这种
作用。但碳原子没有这种攫取电子的特性，
因此氢原子与碳原子相连不会形成氢键。

我们马上就会看到这一区别的意义。

"孤对电子"又是什么意思呢？如果原
子电子云最外层的电子没有参与和其他原
子的化学成键，它们就会彼此成对，形成
叶片状的电子云，这就是孤对电子。氧原
子最外层有 8 个电子，在水（H_2O）分子中，
氧原子两个最外层电子与氢原子的电子成
键，另外 4 个则形成两对孤对电子：可以
想象（但别把这类图像过于当真，对原子

碘化铅沉淀

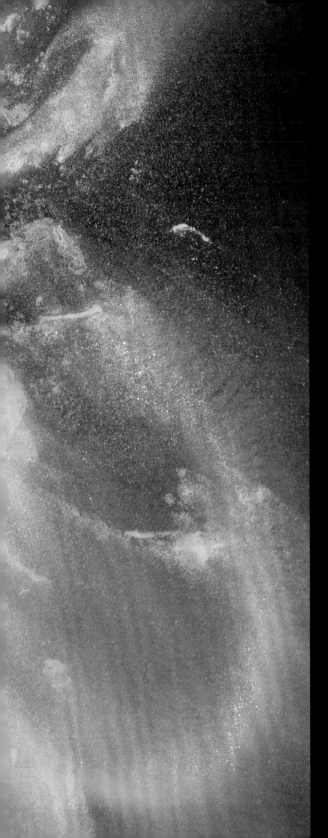

的任何图像化描述都应警惕）它们形成的
叶片状电子云，就像从氧原子上伸出的两
只兔子耳朵。

由于电子带负电，这些孤对电子会吸
引其他水分子上带有些微正电荷的氢原子，
从而连在一起，把一个水分子的氢原子与
另一个水分子的氧原子结合起来。这种连
接较为松散，强度只有水分子内部氢原子
和氧原子结合强度的 1/10。但这种相互作
用（也就是氢键）却是自然界最重要的分
子间相互作用之一。

一方面，正是氢键让水成了现在的样
子：在我们所在的星球表面的温度和压强
下呈液体。如果没有氢键，水在这一条件
下就会是气体，跟甲烷一样。甲烷在很多
方面都与水类似（也是一种小分子，有其
中心原子，上面连着氢原子——只是这中
心是碳原子），但它无法形成氢键。水分子
间的氢键给了它们一种额外的凝聚力，阻
止了它们在常温常压下飞散。当然，一汪
水洼总会蒸发成水蒸气，但水蒸气飘到空
中，进入对流的暖空气后，最终还是会随
空气的冷却再次凝结成小液滴，进而形成
积云（或卷云、层云、雨云，视情况而定）。

每个水分子可以形成 4 个氢键：氧原

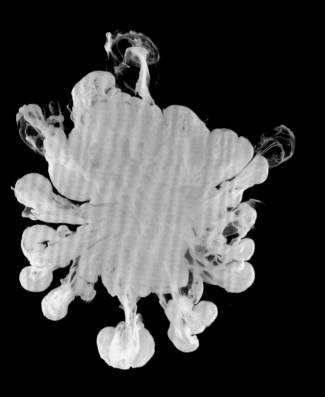

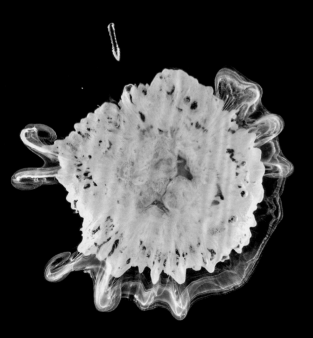

子的两对孤对电子各形成一个，每个氢原子各形成一个。它们刚好把水分子结合成氢键的三维网络，每个分子与相邻4个分子形成脆弱的连接。这个网络很松散，并不完美，因为氢键太弱了，无法阻止液体中水分子的随机热运动。平均来讲，每个氢键只能维持万亿分之一秒，然后就断裂，两端的分子再与其他分子重新连接。这意味着，**水分子一直在跳复杂的舞蹈**，每个时刻都有很多分子集不齐4名"舞伴"。这就是为什么水呈液态。如果氢键都牢固地把分子结合在一起，水分子网络就会在字面意义上被冻住。冰在分子尺度上就是这样：水分子的热运动随着温度降低而减弱，直到位置被固定住，通过氢键形成阵列。你可以把水的结构想象成不停在动的有缺陷的冰，以无序的运动左冲右突。

关于这一图像是不是描述水的结构的最佳方式，其实科学家们争论了很久，有些甚至相当激烈。另一种观点是反过来，把液态水看作某种黏稠的蒸气，分子的随机运动因氢键的连接而获得了一定程度的有序性。直到如今，液态水这种在有序和无序之间保持精妙平衡的状态要如何描述才最好，仍是未定的课题。

左 & 上 : 碘化铅沉淀

氨的分子之间也能形成氢键，但其结构无法形成三维网络，因此氨无法产生水这样的凝聚力。氨可以相对容易地通过冷却或加压来液化，但它在常温常压下仍然是气体。

氢键的重要性不只体现在纯水当中。醇类和糖类之所以这么易溶于水，就是因为它们拥有能形成氢键的

氧原子和氢原子。在溶解大分子时，水分子间的部分氢键要被迫断裂以容纳这些分子，而水分子（溶剂）与这类被溶解的分子（溶质）之间则可以重新形成氢键，这也使得溶解大分子的能量代价不致太大，使其可以被溶解。

氢键的作用也体现在蛋白质分子，这种在生物细胞中普遍存在且举足轻重的成分上。许多蛋白质起着酶的作用，催化生

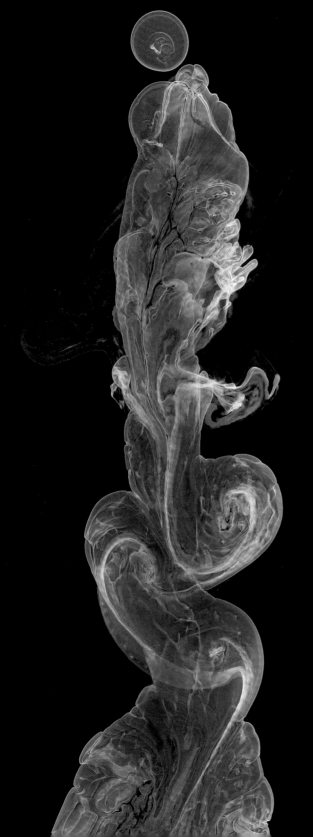

物化学反应，如与代谢有关的反应（代谢指食物和生物体摄入的其他化合物被转换成能量及构成生物分子之成分的过程）。酶漂浮在细胞内被称为"细胞质"的水状液体中。前面我们看到，蛋白质是链状分子，往往会折叠成紧密的形状，其基本组分叫氨基酸，包含氢、氧、氮原子，它们在团起来的蛋白质链表面可以与水形成氢键，或彼此之间形成氢键。

蛋白质链的各组分之间形成的氢键，也有助于把它们黏合成特定的形状，以行使功能。蛋白质链的各部分最常采用的形状是一种叫"α螺旋"的结构，长得像红酒开瓶器，其螺旋结构一般就是通过相邻两圈螺旋之间的氢键维系在一起的。而氢键在生物体中最知名的用途，或许就是连接基因承载分子——DNA——的两条螺旋。在前一章中我们看到，DNA 复制时，双螺旋会解开，每条链都作为一个模板，让一条新链依其组装出来。假如两条链之间是以普通的化学键连接，这种解螺旋就不可能发生，因为普通的化学键太强了，需要很高的能量才能断裂。但氢键就足够弱，可以被轻易地逐个切断，哪怕它们合起来可以把两条链稳稳地结合在一起。

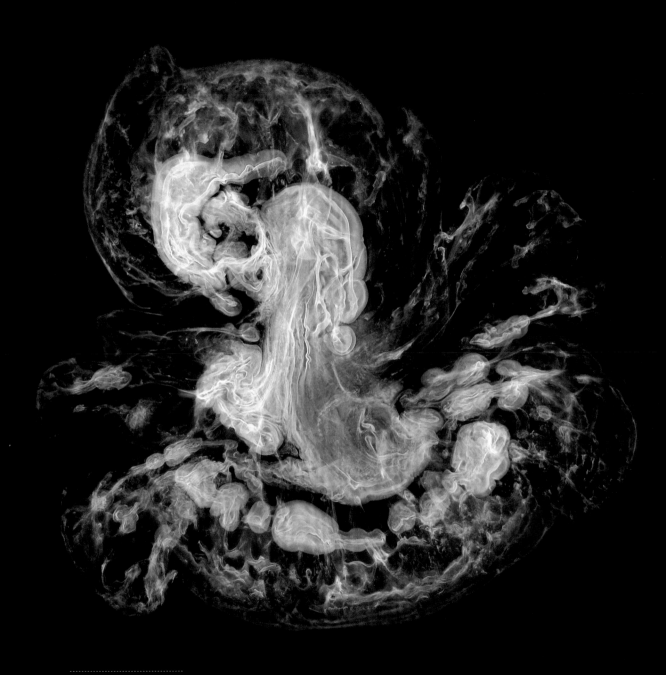

左 & 上 : 氢氧化铬沉淀

这些属性使氢键成为生命化学反应的完美黏合剂。生命的化学反应依赖于分子间的对话：分子聚到一起，形成联合体，交换信息，并有序而精确地排列起来。过于强劲的结合力会"封印"住分子，令其僵化：就像岩石或矿物，结构万古不变。**生命要在有序和混沌的分界线上才能延续**，其组分要能分分合合。因此，生命依赖于能精细调节的弱化学键。

蛋白质等分子要形成能够变形、分解和重组的结构，可依赖的不只有氢键。有些能维持蛋白质链合理结构的"黏性"，仅仅来自它们身处的细胞内水性溶剂。

蛋白质的溶解度通常都经过了精细调节。其分子链的一些部位在化学性质上类似油脂（由非极性碳氢单元组成），倾向于拒水，不易溶于水。

还有一些部位类似于糖类或醇类，具

左 & 右：氢氧化镍沉淀

有极性化学基团，可与水分子形成氢键，这些部分就极易溶于水。大致来讲，蛋白质链的折叠方式会让易溶的部位露在外面，不溶于水的部位则包在里面，形成致密的小球，这是最稳定的折叠方式。分子链是如何从无数种可能的折叠方式中选择了这种构象的？生物化学家对此困惑已久，甚至视之为奇迹。但蛋白质就是演化得能高效地折叠成所需的形状，有时这一过程还会得到其他蛋白质的辅助，后者被恰当地命名为"分子伴侣"。

我们或可恰当地说，蛋白质是遵循某种"编程"，折叠为可行使特定功能的形状的，程序则潜藏在蛋白质链的基本组分——20 种氨基酸——沿链排列的顺序之中，而氨基酸的序列又由编码蛋白质的 DNA 中的基因决定。这个意义上，生物分子就是诺贝尔化学奖得主让-马里·莱恩（Jean-Marie

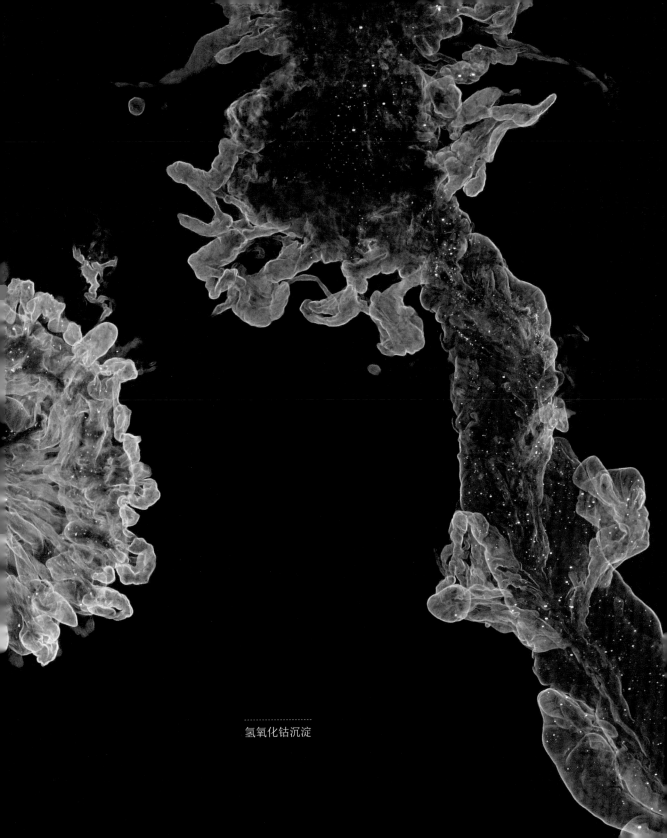

氢氧化钴沉淀

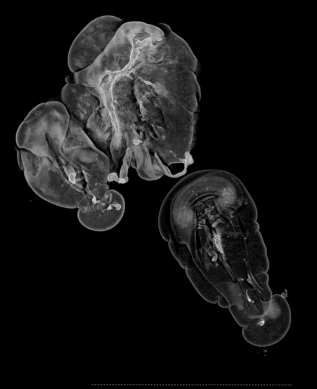

上 & 右：氢氧化铜和氢氧化镍的混合沉淀

Lehn）所说的"信息物质"的例子：物质在其原子排列中包含了告诉其"应该怎么做"的信息。

若是这样，那蛋白质编码的信息也只能在水中存在。蛋白质只有浸在水中才能正确折叠，在其他液体中则可能变形进而丧失生物功能。同时，水溶剂也不能把折叠的蛋白质链固定得太死，因为蛋白质也需要一定的灵活性。酶需要与其目标分子结合，以催化化学反应，而结合时，酶需要略微（有时是显著）改变自身形状。在

这方面，折叠的蛋白质在清晰的构象和多种微小调整之间，实现了一种精妙的平衡。

蛋白质链上不溶于水的部位明显倾向于离水远远的，但它们彼此间却相互吸引。实际上，所有不溶于水的部分都倾向于聚在一起，互相抵挡着水的入侵，这确实代表着一种真实的物理力——"疏水"引力。而蛋白质中易溶于水的部分则被称为具有"亲水"性。蛋白质分子内部混合着疏水和亲水的部分，我们可以把各疏水部分的相互聚集也看作某种分子尺度下的沉淀。

当然，说蛋白质外部全然亲水、内部全然疏水，也是过于简化了，不管是外部还是内部，都混合了亲水与疏水的部分。实际上，蛋白质外部有一些疏水部位，也是其设计的重要一面，因为这样才能让它与其他蛋白质黏附在一起，形成基团，合作实现目标。细胞中有些更加复杂的分子机器，如核糖体，就是按照核酸分子编码的计划被制造出来的蛋白质与数种蛋白质甚至其他分子一起形成的聚合物。

而有些蛋白质表面带有疏水区域，是为了能嵌入细胞膜,这是能溶于水（细胞液）的部分所做不到的。这是蛋白质表面包含疏水区域的另一个原因。膜蛋白是一类非

常重要的生物活性物质，它们可以形成一
种接力系统，把细胞膜外侧接收到的信息
（如激素分子）运到细胞内部。它们可以形
成管道，让小分子和离子借以进出细胞——
比如名为离子通道的蛋白质就像一种刺穿
细胞膜的管道，可让离子通过。这种通道
也有其选择性：只让特定的离子通过（比
如钠离子能通过，钾离子则不能），且只能
单向通过。离子通道可能还带有"闸门"，
根据从周围收到的信号来决定开关。神经
细胞（神经元）膜上的离子通道可以让钠
离子和钾离子进出细胞，从而改变细胞膜
某一侧的电荷，产生电脉冲，并沿神经元
传播：这就是神经活动和思想本身背后的
电活动。

　　细胞膜也展示了可溶性和不可溶性的
混合在生物体中起到的作用。细胞膜大多
由"脂类"分子组成，这类分子有一条长
长的脂肪"尾巴"，长在一颗可溶于水的小
"脑袋"上。

　　这类可以明显分为亲水和疏水两部分
的分子叫"两亲分子"。肥皂就有类似的性
质，因此才能包裹住油脂小粒，带着它们
溶在水里。在细胞膜中，脂类分子会聚在
一起，形成让所有"尾巴"都远离水、所

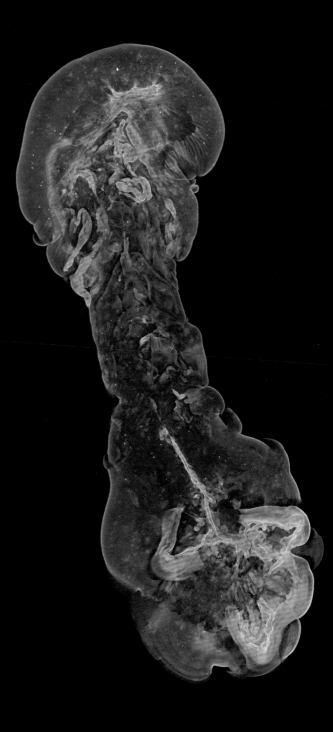

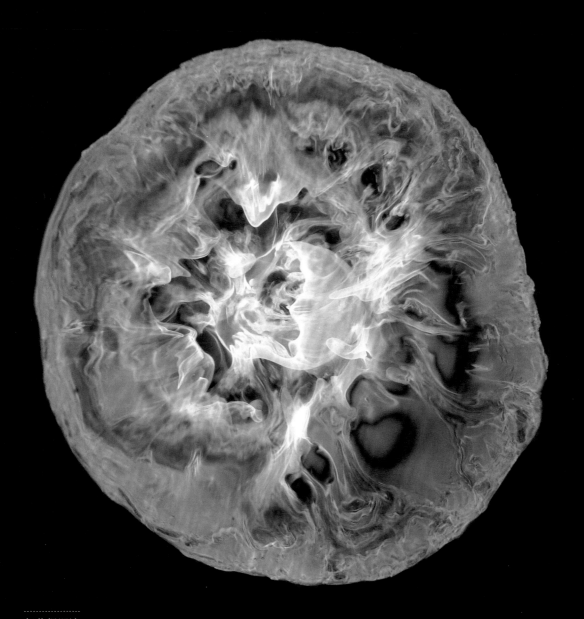

氯化银沉淀

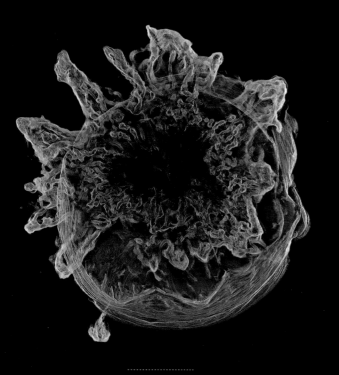

氢氧化铁沉淀

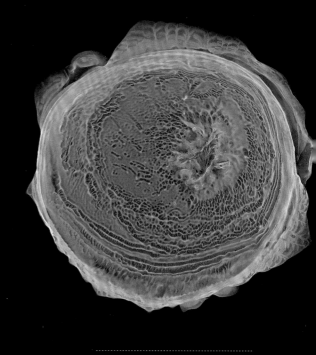
氢氧化铁和氢氧化镍的混合沉淀

有"脑袋"露在水中的结构。它们并排在一起，头朝向同一方向，形成一张膜，两张这样的膜背靠背叠起来，这样双层膜的两侧就都能溶于水。这种排列叫"脂双层"。

在细胞中，这类脂双层膜可能会卷曲、闭合，形成独立的"隔间"，其中最大的就是包裹整个细胞的细胞膜。细胞内部也有一些独立空间，叫"细胞器"，包含执行特定任务用的蛋白质和其他分子。还有的膜结构会折成迷宫般的复杂褶皱，里面嵌着膜蛋白。我们人类细胞中有一种格外重要

的由脂质膜圈出来的细胞器，就是细胞核，它包含着组装成染色体形式的 DNA。在这种意义上，生命所依赖的结构，很大程度上是由一部分溶于水、一部分不溶于水的分子维系的。

蛋白质需要在折叠与灵活调整形状之间取得精细的平衡。通常，这种平衡只有在细胞内环境中（即在体温和常压下，在特定浓度的盐溶液中）才能保持。一旦温度过高、过低，压强过高，或者盐溶液浓度太高，平衡就会被打破。

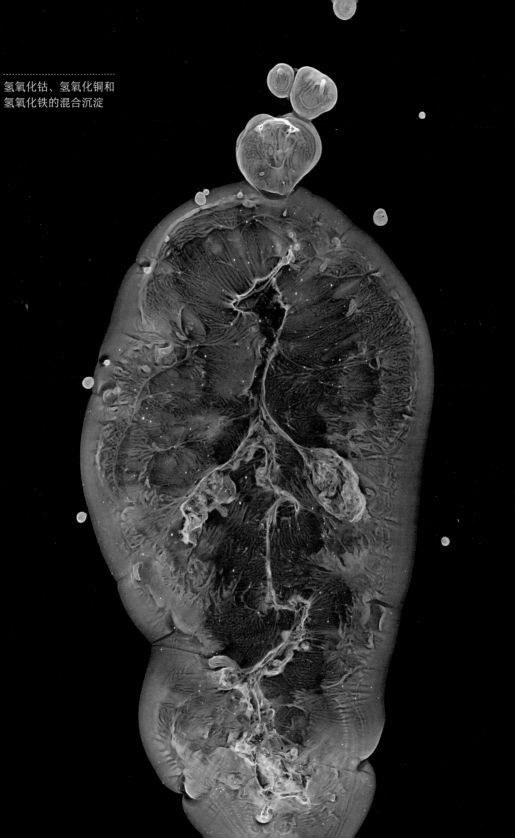

氢氧化钴、氢氧化铜和
氢氧化铁的混合沉淀

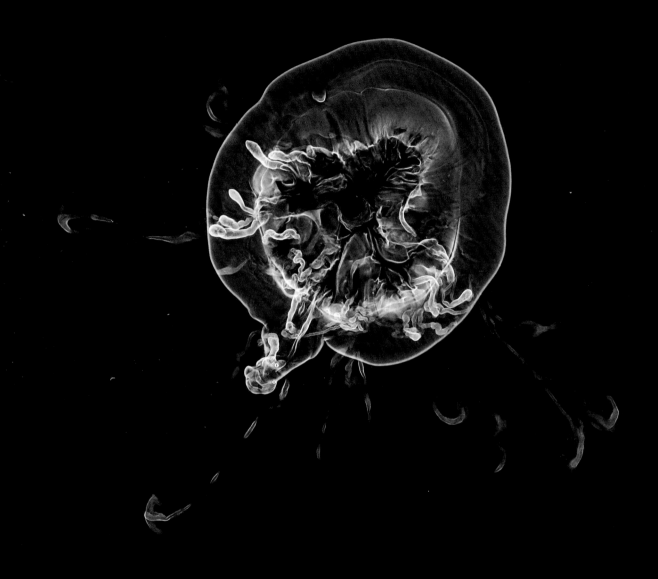

氢氧化镁沉淀

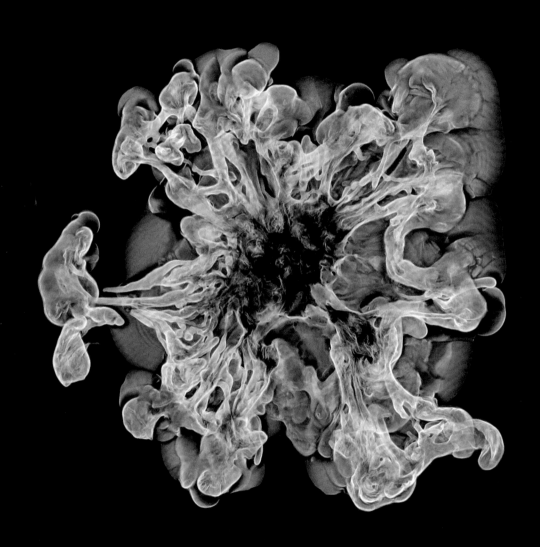

氢氧化镍、氢氧化镁、氢氧化铁、氢氧化铜和氢氧化钴的混合沉淀

在这种情况下，蛋白质就"变性"了，也就是不再折叠了。在水中，不同链的疏水区域可能会粘在一起，让蛋白质凝结成一种不溶于水的黏糊糊的东西。这就是鸡蛋清被加热时，其中名为"白蛋白"的蛋白质经历的过程：透明、可溶于水的蛋清变成了不透明且不溶于水的物质——干煎蛋周围有了韧韧的白边。

正由于蛋白质（和其他生物分子）需要合适浓度的盐溶液才能保持形状和可溶性，细胞才演化出了控制其盐含量的诸多方法。如果水分子可以穿过一张薄膜，膜两侧盐溶液的浓度不一样，水分子就会从盐浓度更低的一侧被拽向盐浓度更高的一侧，直到两侧浓度相等为止。这就是所谓的渗透现象。在含盐量高的环境（如死海）中生存的细胞必须主动反抗这一过程，才不致失水变成"细胞干儿"。它们不能只靠提高细胞内部的盐浓度，因为这样有让蛋白质变性以及遭受其他损伤的风险。它们或许可以把盐储存在名为"液泡"的细胞器中，或者产生其他类可溶分子，如氨基酸或糖类，以"平衡"细胞膜外侧的高浓度，同时避免盐造成的损伤。能耐受高盐环境的生物属于"嗜极生物"，即能在极端

条件下生存的生物。对于生物要如何在其他环境不如地球温和的行星上生存的问题，它们或许能提供一些线索。

蛋白质并不是唯一会在含盐量高的水中凝结并沉淀的物质。水中溶解的多种有机物质，或是悬浮在水中的微小颗粒（如河流中的沉积物），也会发生这种现象。这就是为什么河流到入海口和海水混合时会变浑浊：沉积物颗粒会粘合成更大的团块，于是在上游还清澈的水现在就像泥水一样。原本溶解或悬浮在水中的小颗粒互相结合形成更大颗粒的过程称为"絮凝"。

河口处的水中发生的物理过程非常复杂，至今仍未被科学家完全理解，它还依赖于水流的湍急程度等多种因素。不过，海水中的盐分导致絮凝的方式之一是中和颗粒表面的电荷。很多细小的沉积物颗粒（如黏土颗粒）表面附着有离子，因而带电荷，会互相排斥。但如果水中有带相反电荷的盐离子，它们就会被吸引到小颗粒表面，中和表面电荷，让小颗粒能聚集并粘连在一起。

从高处看，从河口流出的满载沉积物

的浑水，在海岸处形成了繁复的图形，好像陆地在把其残渣排入无边无际的蔚蓝大海，着实凌乱。但对海岸附近的海洋生物来说，流入的这些物质往往带有宝贵的营养成分，帮助河口的生态系统繁荣兴旺。在这里，我们也能看到实验室烧瓶里打着旋儿产生的沉淀的宏观对照：物质从无到有、从不可见到可见的凝结。化学的运转，改变着世界。

延伸阅读：

Ball, P. *H₂O: A Biography of Water*. London: Weidenfeld and Nicolson, 1999.

Debus, A. G. *The Chemical Philosophy*. New York: Science History Publications, 1977.

Tanford, C., and J. Reynolds. *Nature's Robots: A History of Proteins*. Oxford: Oxford University Press, 2004.

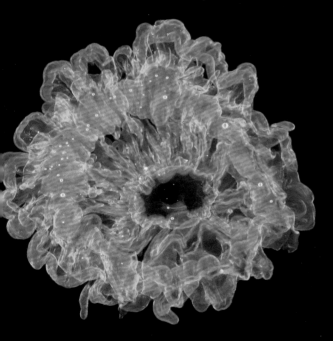

氢氧化铜沉淀

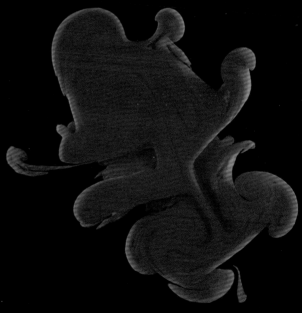

铬酸银沉淀

生长的硅酸钠晶体形成的分形状分枝图案

第四章

繁茂：枝状生长之乐

银盐通过电化学还原生长出的银枝晶

这些数不清的星状小颗粒富有魔力，人眼根本无法看出它们隐秘而细微的瑰丽之处，而它们彼此间也千差万别。人们始终怀着无穷的创造兴致研究雪粒的变化和极其精细的成形，又始终遵循同一基本图案，即等边等角的六角形。可是每一粒……都极其规则，冷冰冰地整齐。

这是托马斯·曼 1924 年的小说《魔山》中，自我沉溺的主人公汉斯·卡斯托尔普在滑雪过程中因疲倦而快要睡着时，关于雪花形状的思索。看起来卡斯托尔普似乎是被雪花的美迷住了，但实际上雪花让他不安。"它们太规则了，"他说，"组织成生命的任何物质从来没有规则到这样的程度，生命对它那恰到好处的精准感到战栗，把它看成致死的因子乃至死亡的奥秘本身。"他判断，这一定是古代的建筑师故意不把建筑做得百分之百对称的原因：为了引入一丝生命的活力。

雪花真正令人不安的地方，或许也正是它们如此美丽的原因：不太是它们对称的几何形状，而是这些小小的冰质碎片似乎就处在打破这种对称的边缘。我们在第二章中看到，普通的晶体呈整整齐齐的块状，但到了雪花像圣诞树一样的"臂"上，几何结构却开始疯长，分出繁茂的枝杈，仿佛获得了自己的生命一般。在 1 世纪的中国汉朝，就有人认为它们犹如植物，称其为"雪花"。**这种近乎生机的放纵再多一点点，秩序就会整个儿消失**。大概正是这种特性被卡斯托尔普惊为"神秘莫测"。

多年来，科学家一直在思考雪花的问题。人就是无法忽视如此震撼的自然现象，尤其是 17 世纪发明了显微镜，把这种精致的创造清晰地展现在人们眼前之后。这种"无穷无尽的创造兴致"因何而成？大自然为什么需要它呢？

我们在前面提到过的德意志天文学家、数学家约翰内斯·开普勒曾尝试解释晶体的形状，他也为雪花的形状冥思苦想了很久，正是这些思考，催生了关于"结晶度"的绝妙直觉。1610 年冬，在布拉格为神圣罗马帝国皇帝鲁道夫二世工作时，开普勒写了一本小书《关于六角雪花》（*De nive hexangula*）献给他尊贵的赞助人作为新年礼物。在书里，他给自己提出了解释雪花形状的目标。他问道：

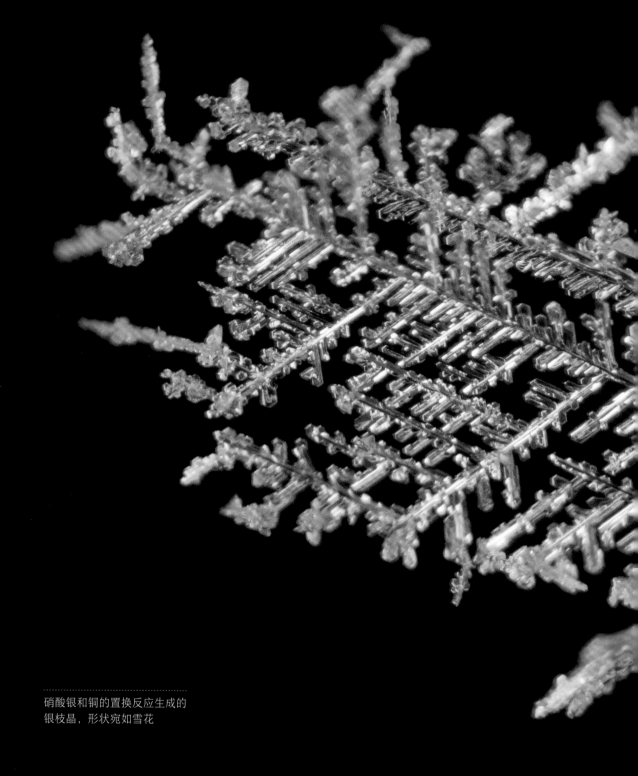

硝酸银和铜的置换反应生成的
银枝晶，形状宛如雪花

硝酸银和铜的置换反应中产生的
银枝晶在透射光下的样貌

六这个数源出何处？谁先把冰核雕出了六个角，之后它才落下？是什么原因让雪花表面在凝结的时候会从一个圆的六个点上伸出六个分枝？

我们已经知道，开普勒判断，用"水小球"的堆积或可解释雪花的六角对称现象，但他竭尽全力也没能解释雪花的分枝现象。最后他显然有点绝望了，只能援引"形成之能"这一神秘概念，称这是上帝设计的一部分。"形成的原因不仅仅是某种目的，也可以是美观，"他写道，并愉快地补充，"它根植于享受每个转瞬即逝的瞬间的习惯。"

可想而知，这对后世的科学家而言算不上什么解释。19 世纪中叶，著名生物学家托马斯·亨利·赫胥黎清楚地表明，没有人能援引某种神秘的"能""灵"来解释"水微粒如何被引导到晶体的某一面，或者白霜的'叶芽'之间"。也就是说，一定是物理和化学的原理生成了这些神奇物体。

但那是怎么做到的呢？在 20 世纪中叶以前，所有科学家还只能描述、记录雪花的美而已。但在 1885—1931 年间，美国佛蒙特州的农场主威尔逊·本特利（Wilson

硫酸钠晶体

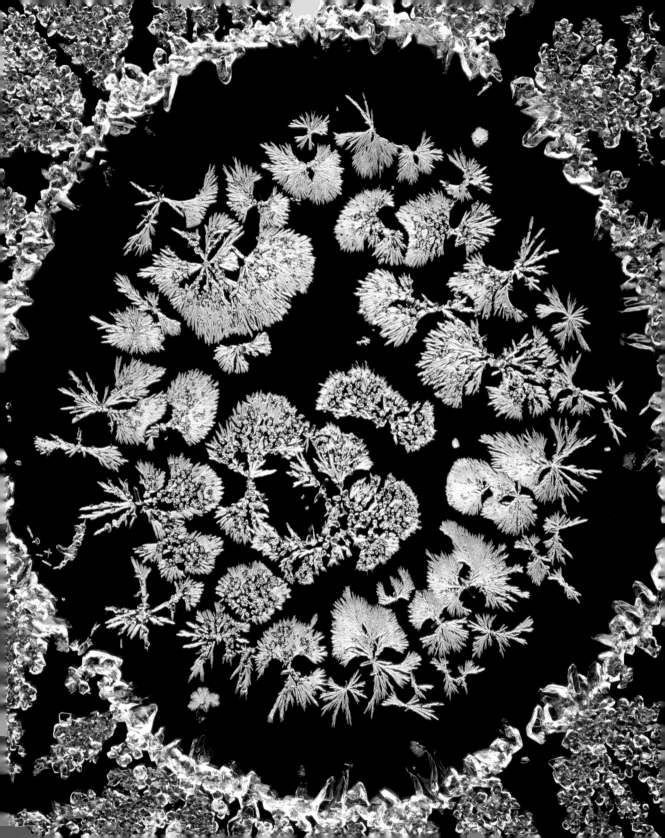

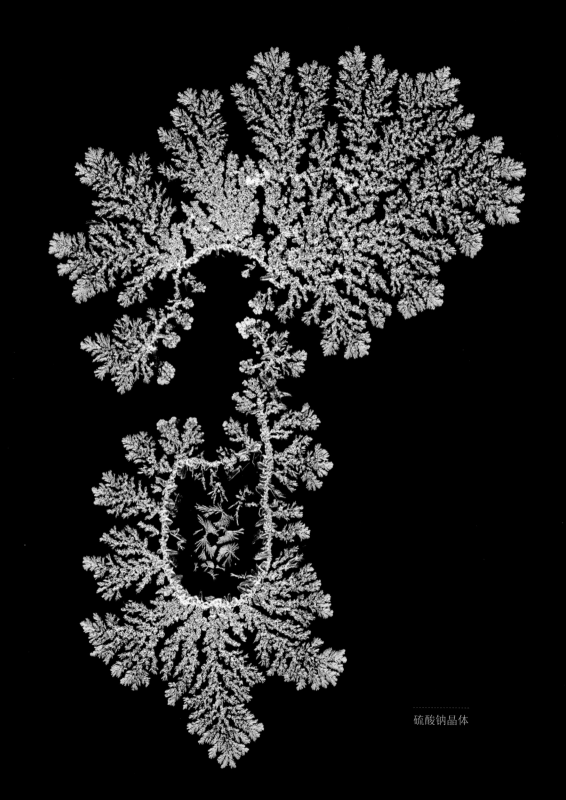

硫酸钠晶体

Bentley）拍摄了数千张雪花的照片，并在 1931 年与气象物理学家威廉·汉弗莱斯（William Humphreys）合作，将他这些精美照片出版为书籍《雪花晶体》（Snow Crystals）。书中列出了化学法则催生的一系列奇迹，可以说是我们这本书的前身，而且也激发了众多化学家思考掌管"雪花生长"的法则。雪花与植物的相似性也暗合了苏格兰动物学家达西·温特沃思·汤普森（D'Arcy Wentworth Thompson）关于自然界的模式及形态的巨著《生长和形态》（On Growth and Form, 1917）中的描述：

> 雪花晶体的美依赖于其在数学上的规律性和对称性，但单个类型竟能衍生出众多变体，彼此有关又不尽相同，这极大增加了我们对它的喜爱与赞叹。这种美正是日本艺术家在一片灯芯草或一丛竹子（尤其是被风吹过时）中看到的美，也是一簇花从含苞直到残凋展现出来的阶段之美。

这里的谜团并不仅限于雪花，雪花只是晶体生长过程中呈现出的一种普遍模式的最常见例证。雪花真正的独特之处并不

在于开普勒和他前前后后的人提出的六角形对称，而是其单臂的样貌：典型的针状尖端，点缀着蕨类植物一般的重复分枝。冶金学家早就知道这类结构也会出现在冷却并凝固的液态金属中，其形成过程被称为"枝状（dendritic）生长"，其英文词来自希腊语的"树枝"。枝状生长也会出现在一类名为"电沉积"的化学过程中，这种反应是用浸没在溶液中的电极产生的电流，将以离子形式溶于溶液中的金属沉积出来的过程（见第六章）。

要解释枝状生长，就要回答两个问题。其一，为什么会形成针状？为什么在熔融的金属凝固之时，固态和液态间的界面不会像海浪那样柔和延伸？是什么让一部分固体跑在其他部分前面，形成一个手指状的尖端？其二，是什么让这个尖端两侧又萌出分枝，看起来还往往像按照某种几何规则排布，并形成特定的夹角？

答案在 20 世纪 40 年代到 70 年代之间断断续续地产生了。枝状生长产生的尖端和分枝是所谓的"生长不稳定性"的例子，简单说就是稳步的生长让位于某种不那么平稳而规律的东西。

生长不稳定性在我们周围到处都有发

电沉积产生的银晶体

硅酸钠枝晶

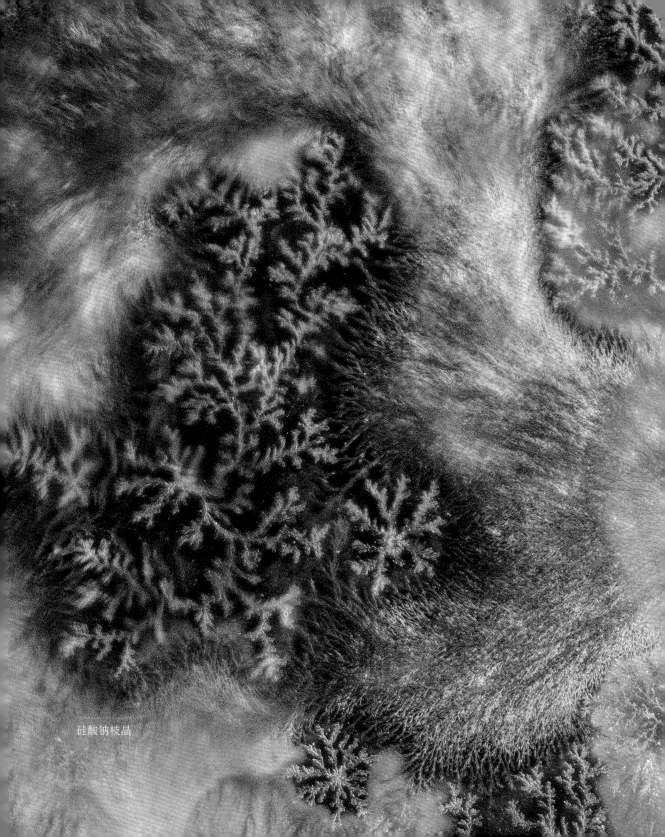

硅酸钠枝晶

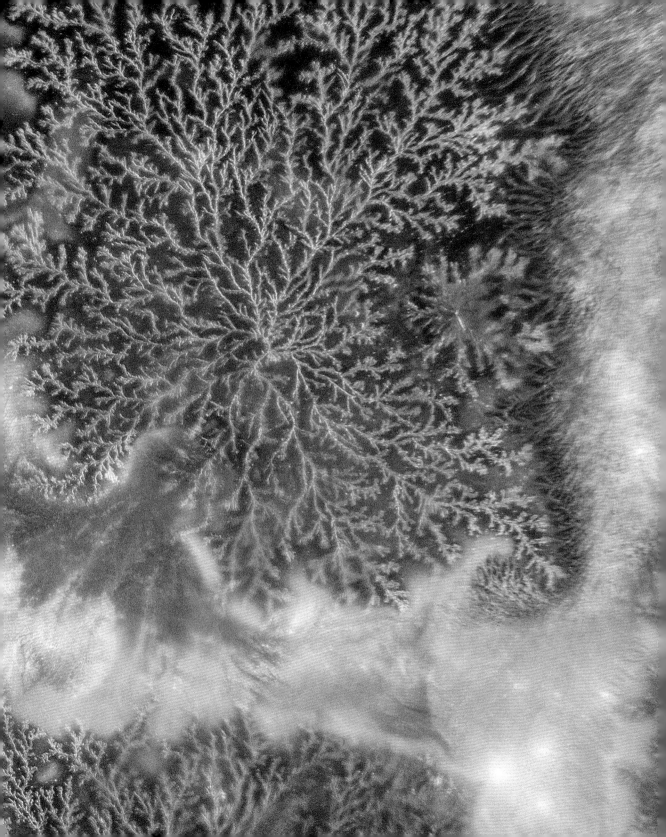

生。沙漠表面的沙粒因风四处移动，产生规律排列的沙波纹和沙丘，即是一个例子，沙漠表面的某一处积累沙子的速度比别处更快。另一个生长不稳定性的例子是黎明时分蜘蛛网上凝结的露层缩成一列小液滴，宛如串在一条线上的珍珠。

枝状生长根本性的不稳定于 1963 年被威廉·马林斯和罗伯特·塞克卡（William Mullins and Robert Sekerka）这两位美国科学家阐明。他们指出，首先是极微小的波

纹随机出现在处于凝固过程中的金属的表面，并随着熔融态金属的冷却而被放大，迅速前突，呈手指状，并一边生长一边变细。这是因为，这类突进能比固体的其他地方散热更快，因此凝固也更快。这是一种正反馈过程："手指"伸出越远，长得也越快。

马林斯和塞克卡意识到，这种形成尖端的过程会反复不断地发生：针尖两侧会再分枝出针尖，后者又会继续分枝。一不留神，就有了大量分枝。不过，分枝的最

小尺寸有个限制，因为界面的表面张力有着反作用：要把表面拉平，就像它对杯子里的水面所做的那样。

　　光凭这些，你可能会觉得分枝会随机大量出现，更像一棵橡树，而非圣诞树。但金属和晶体结构自身背后的对称性会使其分枝以特定的角度分裂出现：我们在第二章中看到，原子和分子会堆积成规律的几何结构，而晶体的几何结构会引导分枝出现的方向。因此，雪花的六角形状，就是冰中水分子六方堆积的结果。其他晶体在生长的过程中会出现其他的角度，例如有些晶体的分枝会成直角萌出，因为它们晶体中的原子呈立方堆积。

　　这些道理直到 20 世纪 80 年代才被完全理解，出现了关于雪花形成的完善理论。直到如今，科学家对晶体生长的某些方面仍不甚了解，例如很难解释为什么雪花的六个角看起来如此相似：如果分枝都只是偶然萌出，就算它们倾向于沿六角方向产

电化学沉积产生的锌晶体

氯化锡和锌的置换
反应中长出的晶体

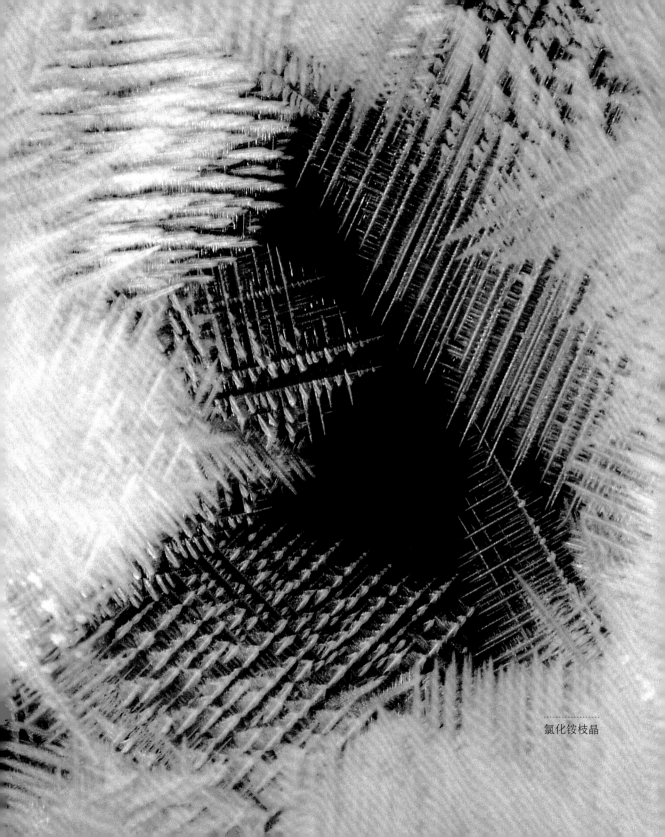

氯化铵枝晶

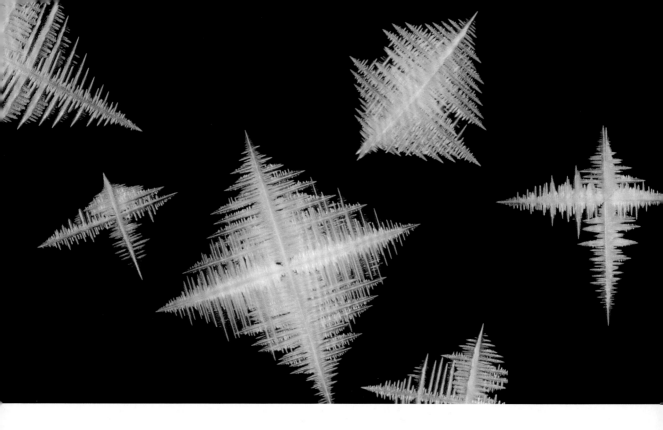

生，怎么会看起来都一样？不过，真相是，很多雪花的六个角并没有那么对称：六臂整体形状相似，但细节各有不同。如果你习惯见到完美对称的雪花，那是因为人们通常只选择这些雪花的照片发出来，因为它们看起来最美。不过，这也表明，这些"完美"的雪花确实存在，而且我们也不清楚为什么每个分枝都"知道"其他分枝是什么样的。

不仅如此，也不是所有雪花臂都呈经典的圣诞树形状，而是可能采取多种形状。有时雪花臂上会装饰六边形的块状小冰片，有时整片雪花都长成单纯的六边形。随着周围空气温度和湿度的不同，雪花晶体在显微镜下会呈现出大相径庭的形状，尤其是各种六角形截面的棱柱形。同一场雪里降下的雪花也会有许多不同的形状，取决于某一晶体形成时空气中的确切条件。你可以把不同位置雪花的差异看作大自然被冻结的瞬间记录。

左 & 右：氯化铵枝晶

像雪花一样的枝状生长并非晶体的常态。我们在第二章中看到，晶体更常形成棱柱形的小块，各面各边不是参差不齐的分枝，而是光滑平直的。那为什么晶体有时会长成这样，有时又长成那样呢？

原因很大程度在于生长速度，或者换句话说，是看结晶"驱动力"有多大。一般而言，如果你把某种熔融态的金属缓慢地冷却到凝固点以下，它就会缓慢凝固成规则的块状晶体；相反，枝状生长通常发生在液态金属温度突然跌至大大低于凝固点的位置，于是凝固过程瞬间发生之时。科学家把前一个过程称为"接近平衡态"（晶体生长所在的系统距离其最稳定的晶态不太远），后一个过程称为"远离平衡态"。

雪花就是远离平衡态的过程中经常形成的复杂图案结构的一例。在第十章我们还会看到另一些例子。在远平衡态处出现的这种复杂性与规律性的精妙平衡，也是生命本身的特征之一。因此，把雪比作花、枝状生长比作树也不是完全的巧合：它们是被赋予了生机的物质。

另一类枝晶生长也可以如此描述。一些多孔的岩石，如砂岩，中间可能夹杂着精致的复叶状结构。有人会误以为这是植物留下的化石，但其实它们只是深色的无机矿物。这种情况名叫"矿物枝晶"（"树枝石"），不过其形成过程严格来说并非产生雪花的那种枝状生长。两种现象都被起了"枝"这个名字，但命名时间不同，这更说明了人类将枝晶与植物生长相比附的冲动是多么顽强。

你在电沉积中也能看到这类形状，金属像植物一般大量萌发，宛如海底岩石上

上 & 右：岩石中自然形成的锰矿树枝石

的珊瑚。这一过程在第六章还会讨论。如果拉近镜头仔细观察分枝的电沉积金属，你会发现它们通常由小小的棱柱状晶体以各种角度聚集而成，就像一堆随机散落的砖块被砌在了一起。为什么它们不长成密集严实的一整块，而要四处分枝呢？

答案藏在另一种生长不稳定性中。我们可以把电沉积想象成沉积表面通过不断积累更多粒子而生长的过程。这些粒子在溶液中随机漂游，一碰到表面就立即被粘住，无论其当时的位置和方向恰巧是怎样。

现在，再想象沉积表面纯粹出于偶然产生了一小块突起，落到这里的粒子比其他地方就稍稍多了一些。而正因为突起处伸出了表面一点点，其他粒子更有可能碰到这里，因此它积累粒子的速度更快，生

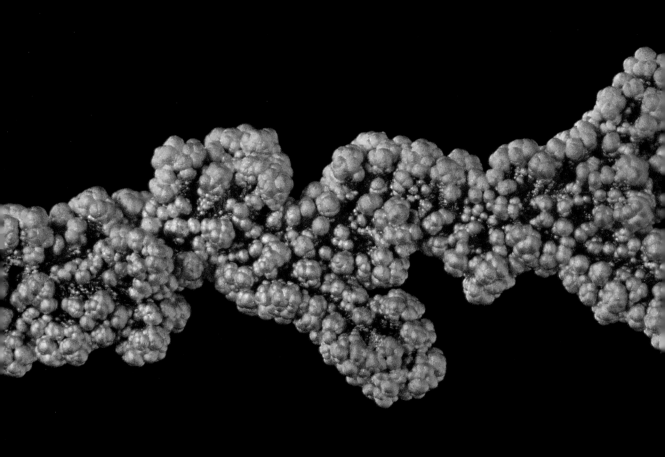

电化学沉积产生的铜枝晶，细节

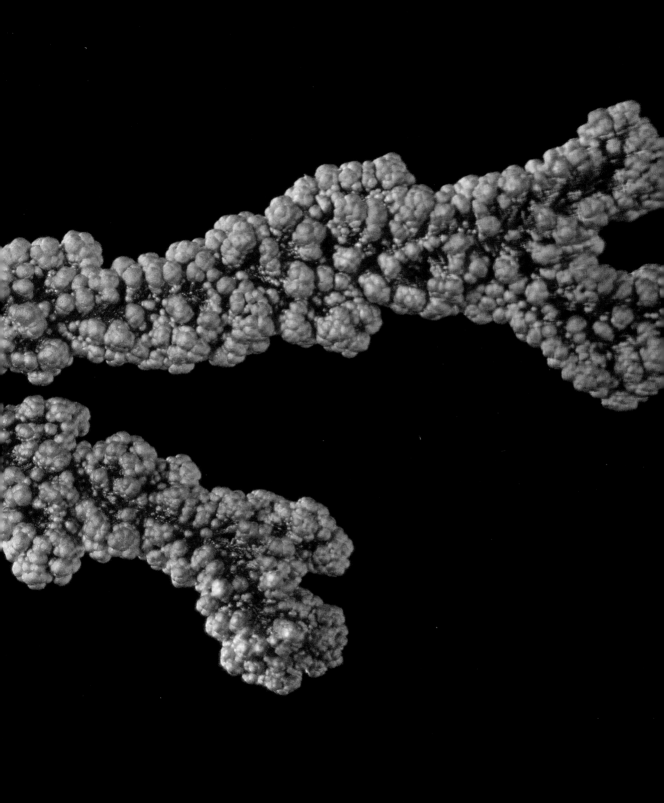

重铬酸钾晶体

长速度也比表面其他地方更快。这里又出现了正反馈：长得越多，长得越快。

而这种指状突起的形成也会反复发生：金属"手指"的表面又萌出新的侧枝。不过，在这种情况下，分枝产生的方向并没有倾向性，因为微粒（比如小晶粒）只是粘在任何它碰到的地方。因此，分枝会乱七八糟，形成密集而随机排布的"分枝之林"。这一过程叫"扩散置限聚集"，矿物枝晶（其中深色的矿物通常是多孔岩石中渗入的含盐液体沉淀形成的锰盐）和电沉积产生的随机分枝都以其为基础。

这些反复出现的分枝似乎在不同的放大比例下看起来都差不多。放大了看你会看到更多细节，但整体形状跟低放大率下看起来区别不大。这种在不同放大尺度下具有同样外观的结构叫"分形"。很多雪花就属于分形，它们的分枝形状会在更精细的尺度上不断重复，就像蕨类植物的复叶一样，不过雪花的分形在几何上格外规则。分形在大自然中很普遍，且通常没有雪花这么规律，例如锯齿状的海岸线，或是越来越细密的河网，乃至人体的血管系统。

分形是大自然的基本形式之一，而化学通过简单的电诱导结晶过程就可以产生分形，从电极铺展开来，宛如根系在土壤中推进，或者树木展开枝条拥抱阳光。美国超验主义作家拉尔夫·沃尔多·爱默生写道："大自然只是对寥寥几种法则无休无止地加以组合和重复。她哼着那支著名的古老曲调，只是变奏无穷。"

延伸阅读：

Ball, P. *Nature's Patterns: Branches*. Oxford: Oxford University Press, 2009.

Bentley, W., and W. Humphreys. *Snow Crystals*. New York: Dover, 1962.

Libbrecht, K. G. *The Snow Flake: Winter's Secret Beauty*. Stillwater, MN: Voyageur Press, 2003. See also www.snowcrystals.com

Mandelbrot, B. *The Fractal Geometry of Nature*. New York: W. H. Freeman, 1984.

Stewart, I. *What Shape Is a Snow Flake? Magical Numbers in Nature*. London: Weidenfeld and Nicolson, 2001.

烟酸的分形晶体

烟 酸

硝酸银和铜的置换反应生成的形如雪花的银枝晶

对一些化学家来说，美藏在晶体的形状和透明度中，藏在颜料的颜色和质地中。而对另一些化学家来说，美则由一些特殊的合成分子结构的形状来传达，如立方烷、十二面烷、巴克敏斯特富勒烯等，这些柏拉图多面体或阿基米德多面体显示出了对称、简洁、均匀的珍贵特质。这些结构，还有除此之外的很多结构，都具有简洁的美丽和美丽的简洁。

化学具有的一个出众的美的特征是，它能不断重新发明自己。这种宝贵的特点让化学家也扮演了画家、雕塑家、作曲家一般的角色。我意识到自己在荣幸地扮演这类角色是在 20 世纪 80 年代，当时我制造出了一系列在机械上环环相扣的分子，将其相连的是一种全新类型的键，叫"机械键"。这类分子不仅在分子纳米技术中扮演核心角色，还推动研究者在科学文献中以更赏心悦目、更艺术的方式展现分子形象。这类吸睛的展现方式如今已经是化学词汇表中的一部分。拥有两个或更多相扣的环的分子叫"索烃"（catenane），其英文名来自拉丁语中表示"链"的词；而由一根杆穿过一个或多个环，两端以大型基团来阻挡环从杆上滑落的分子则叫"轮烷"（rotaxane），其英文名来自拉丁语中表示"轮、轮轴"的词。

大自然早在我们人类登场之前很久就开始使用机械键了，如 DNA 中的索烃和纽结结构。机械键的化学优雅、复杂而美丽，它在被大自然施行之余，在接下来的众多世纪里，也仍将是合成化学家的灵感之源。

J. 弗雷泽·斯托达特（J. Fraser Stoddart）

2016 年诺贝尔化学奖得主

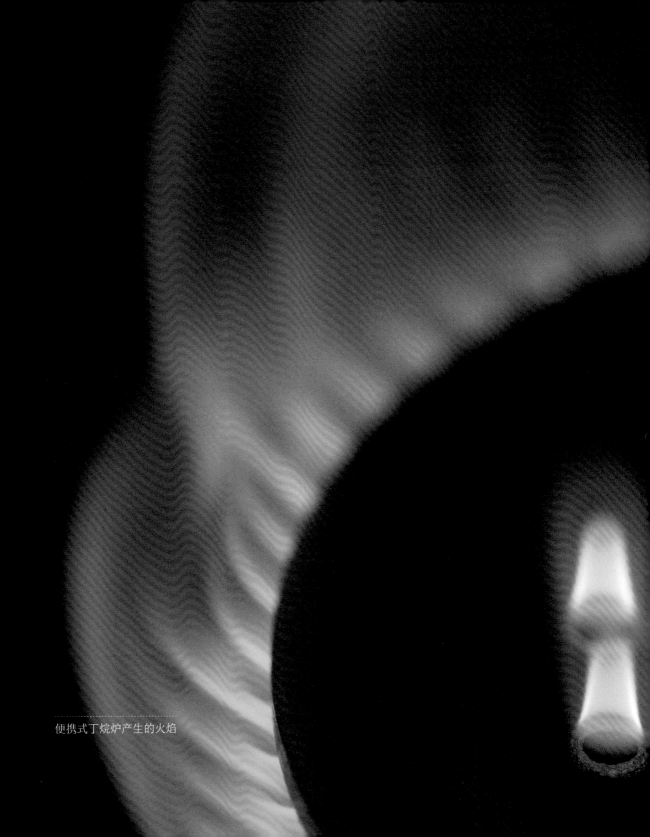

便携式丁烷炉产生的火焰

第五章

燃动：迷人的火焰

在思考蜡烛的物理现象之外，没有更好的，甚至没有其他进入自然哲学研究的门户了。

著名英国科学家迈克尔·法拉第在1848年如是说。这段评论来自他在伦敦的大不列颠皇家研究院（Ri）所做的一系列针对儿童和青年的著名圣诞讲座中的一场。

法拉第于1825年开始了这一系列讲座，当时他刚被任命为皇家研究院实验室主任。这一系列讲座如今仍在举行，不过气氛严肃了很多。法拉第的工作如今看来刚好一半属于物理学，一半属于化学，不过当时这两个学科还没有分出界限，甚至"科学家"（scientist）这个词都直到1833年才被提出。在物理学领域，他发现电和磁只是同一基本现象的两面，因此可以用电来生磁（如电磁铁），也可以用磁来生电

风中之烛

（如发电机）。在化学领域，法拉第也做出了不少贡献，他在 1848 年的圣诞讲座中就表达了自己对这门学科深深的热情。

法拉第说，"自然哲学"（就是我们如今所说的科学）中其实没有哪个部分与蜡烛及其燃烧无关。当然，法拉第或许有点夸大，但也情有可原，比如蜡烛燃烧是没有显见的生物学面向；但他确实正确地指出，我们熟悉的这一过程（对他的维多利亚时代听众而言更是熟悉到不能再熟悉乃至不可或缺）中隐藏着大量的化学内容。

但如果法拉第仔细选择课题的话，他从蜡烛燃烧中所能收获的还将远超他的预期。诚然，烛火燃烧是个化学反应，但就算如此常见，它也比很多化学反应复杂得多，而探索燃烧本质的研究也是从远早于法拉第的时代一直延续至今的。有人还认为，即便如今，我们也仍然没有完全理解

蜡烛燃烧的过程。

不过，很容易理解为什么要将蜡烛燃烧作为化学反应的范例。每个人都知道蜡烛会燃烧，而很多小学生关于燃烧学到的第一件事则是，燃烧需要空气。把玻璃罐倒扣到燃烧着的蜡烛上，蜡烛马上就会熄灭，因为空气被其火焰消耗光了。更准确地讲，燃烧需要的是空气中的氧气，它约占地球大气的 1/5，大气的其他成分则绝大部分是氮气。氮气在燃烧过程中不起什么作用，当然在其他过程中也不太起作用——它是一种很不活泼的气体，不过一类专门的细菌和真菌可以把空气中的氮"固定"成可供生物利用的分子形式，这是我们地球生物圈的一大重要化学反应之一。

收获还可以更多：你可能也在学校里

学过，蜡烛在氧气中燃烧会产生二氧化碳，随着倒置玻璃罐中氧气的消耗，产生的二氧化碳气体会逐渐充斥其中，直到火焰熄灭。而实际上，燃烧过程（化学家称之为"氧化"，因为它是氧气与其他化合物相结合的反应）跟我们体内细胞中发生的过程没有本质区别。细胞"燃烧"葡萄糖等糖类，将其与血液中溶解的氧气反应，产生的二

氧化碳作为废物被我们呼出。

所以蜡烛里面或许还真有些生物学！

法拉第的"蜡烛化学史"还可以继续回溯。当法拉第1791年生于伦敦时，"氧气"这个概念几乎还不存在。许多科学家（尤其在英格兰）相信一种旧理论，认为燃烧与一种名为"燃素"的物质有关。他们认为，物质在燃烧时会释放燃素，这就是为什么

木头或蜡烛烧完后几乎啥都不剩。容易燃烧的物质被认为富含燃素。

自大约 18 世纪 70 年代开始，法国化学家安托万·拉瓦锡发展了与燃素说相反的竞争理论。他认为，物质燃烧时并不是释放了某种物质，而是与某种物质结合了。结合的物质就是空气中的一种成分，他称之为"氧气"（oxygen，字面意是"产酸"，因为拉瓦锡错误地以为所有酸都含氧）。

18 世纪 80 年代，拉瓦锡用氧气理论为化学构造了一套全新的框架。他清晰阐明了化学元素的定义：无法被还原成更简单的东西的物质。他列出了 33 种元素（我们现在已经知道 118 种元素了，最后一种是"鿫"，名字来自本书供稿人之一尤里·奥加涅相）。拉瓦锡还开发出了把化合物分解成各组成元素，以及测定各元素相对含量的方法。他把这些内容都写在 1789 年出版的《化学基础论》（*Traité élémentaire de chimie*）中，这本著作为该学科的未来奠定了基础。然而，当时英格兰的很多化学家受烦人的民族主义偏见的影响，拒绝接受这种"法兰西欺诈"。当然，拉瓦锡是对的，而到了法拉第的时代，拉瓦锡的观点已获相当普遍的接受。

在拉瓦锡的元素清单上，有一个叫"热量"（caloric），他认为这是一种没有重量的流体，带来了热（heat），而热量会从热物体传至冷物体。因此，他的氧气理论尽管基本正确，但也混合了一些不正确的观点，比如燃烧也包含了这种热量的流动。与之呼应的是，古人也认为"火"是基本元素之一，是一切物质的基本组分。围绕着火、热、热量、燃素、氧气和光的困惑，直到 19 世纪中叶才被厘清，这不仅表明燃烧的概念有多难掌握，也表明它数千年来在人类文明中有多重要。

我们一直以来都很想搞清楚燃烧的本质，但很难！

19 世纪 50 年代前后，很多科学家开始接受英国皇家研究院创始人之一本杰明·汤普森（Benjamin Thompson，即拉姆福德伯爵）提出的观点，即热并非来自某种特定物质，而是来自物质的基本组成粒子——原子和分子——的运动。某物质越热，其组成原子运动得越快或说越猛烈。换言之，热是物质原子拥有的能量的量度。

这是不是意味着燃烧理论中还要纳入一个新的概念？是的，但不要灰心丧气，我们马上就接近这个问题的核心了。

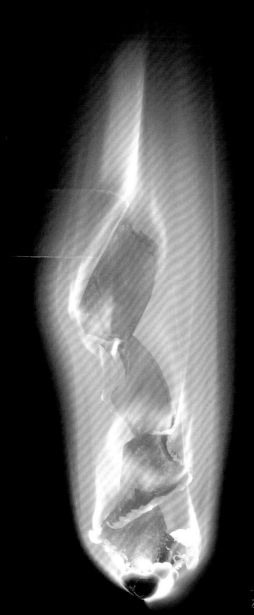

左：镁条燃烧产生的明亮火焰
右：镁条燃烧产生的氧化镁

1 钠的燃烧：开始

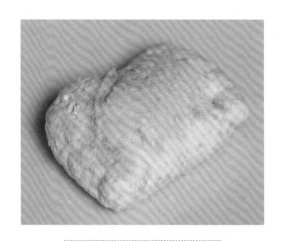

2 一层白色的氧化钠在表面生成

5 燃烧正旺

3 钠块在反应产生的热量下熔化

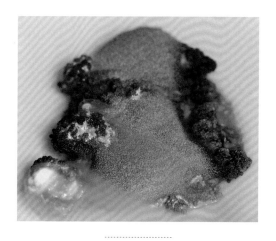

4 燃烧过程中

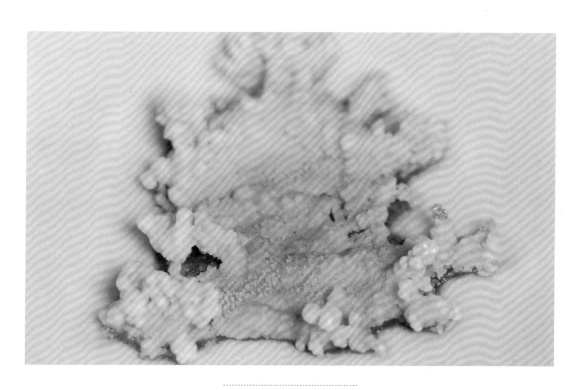

6 燃烧结束，形成过氧化钠

能量是包括燃烧在内的所有化学反应的核心要素，是燃烧中必不可少的部分。法拉第讨论蜡烛燃烧的角度是物质的转换：蜡和空气（指空气中的氧气）转换成二氧化碳和水（没错，水也是这个反应的产物）。但他并没有清晰地看到这在原子层面上是怎样一幅图景。即使"物质由原子这种不可见的极小单元组成"的观念可以追溯到古希腊，即使19世纪初英国化学家约翰·道尔顿就提出化学物质可以被视为原子按照不同比例组成的集合，但直到1848年法拉第做讲座时，科学家还不是很清楚如何看待原子的概念，其中有些人认为，原子只是为了描述方便而引入的图像，并非真实的（微小）客体。

我们如今知道，原子及它们组成的分子，都是实实在在的个体。氧气分子由两个氧原子组成，氮气分子也由两个氮原子组成，这两种分子可以分别写作 O_2 和 N_2，其中 O 和 N 分别表示氧和氮。二氧化碳分子则是一个碳原子上附着两个氧原子，写作 CO_2。水分子我们前面已经见过，是一个氧原子上附着两个氢原子，写作 H_2O。

在化学反应中，原子会重组成新的结合体。重要的原则是，原子从不会凭空消失或获得，它们只是重组了而已。我们可以把原子的重组写成化学方程式。煤炭可以大体看作纯碳（C），因此煤炭的燃烧，即它与氧气的结合，可以写作：

$$C + O_2 \rightarrow CO_2$$

天然气炉灶上的火焰由燃烧甲烷产生，甲烷分子是一个碳原子连着四个氢原子，写作 CH_4。因此，该燃烧过程可写作：

$$CH_4 + 2O_2 \rightarrow CO_2 + 2H_2O$$

为什么氧气和水前面都有一个2呢？这是为了保证箭头两端每种原子的总数相等，因为化学反应前后原子不会创生或毁灭。换言之就是，每个甲烷分子会与两个氧气分子反应，生成一个二氧化碳分子和两个水分子。

蜡烛的情况比煤和甲烷要复杂，但也没复杂太多，因为组成蜡的分子也是碳氢分子，和甲烷一样只由碳原子和氢原子组成。就石蜡而言，这类分子就是碳原子组成长链，周围点缀着氢原子，每个碳原子连着4个其他原子（C或H）。因此，蜡烛燃烧的化学方程式与甲烷燃烧相当类似，产物也相同。

上：燃烧的木炭　　下：便携丁烷炉的火焰

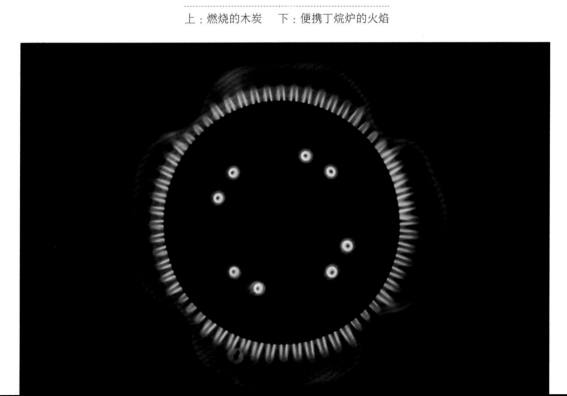

原子的事就讲到这儿。不过我们前面已经说到，化学变化中也要考虑热量和能量，你可以说这是化学方程式中的隐藏部分。我们都知道，燃烧蜡烛、煤炭或天然气，在释放二氧化碳和水之外，也会放热（还有光，光的部分我们后面讲）。

热也可以加入方程式，用符号"°"表示。例如，煤炭的燃烧就可以写成：

$$C + O_2 \rightarrow CO_2 + °$$

但是，等一下，这样方程两边就不平衡了！热是能量的一种表达形式，而科学界最基本的定律之一"热力学第一定律"就称能量既不能被创造，也不能被消灭，只能转化成不同的形式。那化学方程式中多出来的能量是从哪里来的？

答案是，式子的左边也包含着能量，只是隐藏了起来。能量存在于把原子与原子连接起来的化学键之中。氧气分子 O_2 的两个氧原子由一条化学键相连。而尽管我们直接用 C 来表示煤炭，仿佛只是单个的碳原子，但煤炭内部其实有许许多多碳原子彼此相连，形成大片的薄层。原子连在一起形成分子时，就有一部分能量随着化学键形成而释放出来。

有一种方法可以用来理解煤炭燃烧时的放热：可以认为，让氧气分子中的氧原子连接在一起和煤炭中碳原子连接成网络各自所需的能量总和，要大于把同样的原子组合成二氧化碳分子所需的能量总和。或者按化学家的说法，二氧化碳是对这些分子来说"更稳定（能量更低）的构象"。原子重组时，多余的能量就以热的形式释放了出来。

关于各类转化过程中热量如何流动的学科叫"热力学"（thermodynamics，字面意是"热的运动"）。这门学科在法拉第讲解蜡烛的化学史时刚刚创生，因为当时工业革命正如火如荼，人们对如何产热以及如何用它来做有用功（例如烧煤来给水加热，以形成蒸汽推动蒸汽机运行）很感

兴趣。这就是蜡烛里隐藏的另一层含义：工业时代的驱动力。

但能量来源只是蜡烛的底线作用和存在的根本理由。而法拉第和同时代人点燃蜡烛时，真正想要的是火焰的光，而不是热。当时，蜡烛的主要用途是给房间照明。此种情况下，就其功能而言，蜡烛产生的热基本上可以说是"废能"（除非房间冷到你必须围着蜡烛取暖）。

蜡烛的燃烧跟蒸汽锅炉里燃油和煤的燃烧并无本质区别——原油从油田中开采出来时是各种化学物质的复杂混合（一如动物油脂），其中许多都是和石蜡成分差不太多的碳氢化合物；而法拉第时代用于煤气灯的煤气，很多是经某种化学过程从煤中提取的，该过程的产物还包括甲烷和非常类似的碳氢化合物气体乙烯，以及氢气和一氧化碳（还会产生一种黏稠的残留物，叫"煤焦油"，后来人们发现它富含各种有用的碳氢化合物，比如苯这种法拉第本人于 1825 年首次提纯分离的物质）。

换句话说，我们这里讨论的就是燃料：容易燃烧并放热的物质。我们熟悉的运输燃料——汽油和柴油——也是碳氢化合物，其分子链长于甲烷和乙烯，但比不上石蜡。

实质上，像葡萄糖这样的糖类也是我们身体的燃料：人体细胞每时每刻都在燃烧葡萄糖，给身体供能。细胞很善于捕捉并储存这些能量，一个突出的例子就是一类为酶供能的通用燃料，名为"三磷酸腺苷"（ATP）的分子。燃烧糖类和细胞、组织中其他富含能量的物质也会产热，这就是为什么我们的体温通常高于室温，在剧烈活动时产热还会更多。我们的身体（也就是人体细胞）在36.5℃—37.5℃下工作效能最好，因此身体如果产热过多，就需要将其排出。出汗就是身体排热的方式之一：汗水蒸发会带走热量。

燃料并非必须是石油、天然气、糖类等碳基分子，任何在燃烧时，也就是和氧气反应、重组原子时会放出大量能量的化合物，都可以作为燃料。例如，肼（化学式 N_2H_4）就被美国用作火箭燃料，来推动航天飞机和行星着陆器上的推进器。最吸引人的燃料之一是氢气（H_2），它在氧气中燃烧只会产生水，而不像煤、石油、天然气这类化石燃料还会产生二氧化碳，从而加剧全球变暖。如果能找到一种廉价、清洁又方便的方法来产生氢气（比如用太阳光分解水），我们就有望解决因大量燃烧化

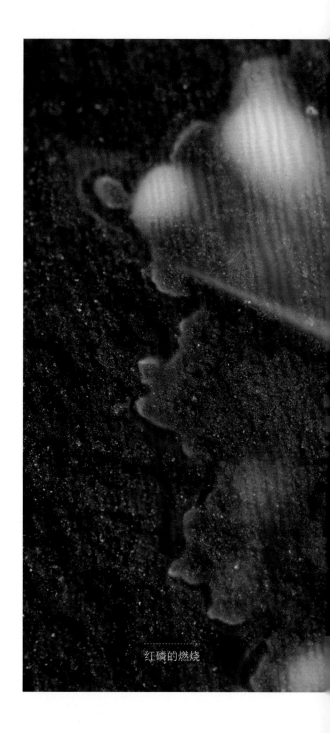

红磷的燃烧

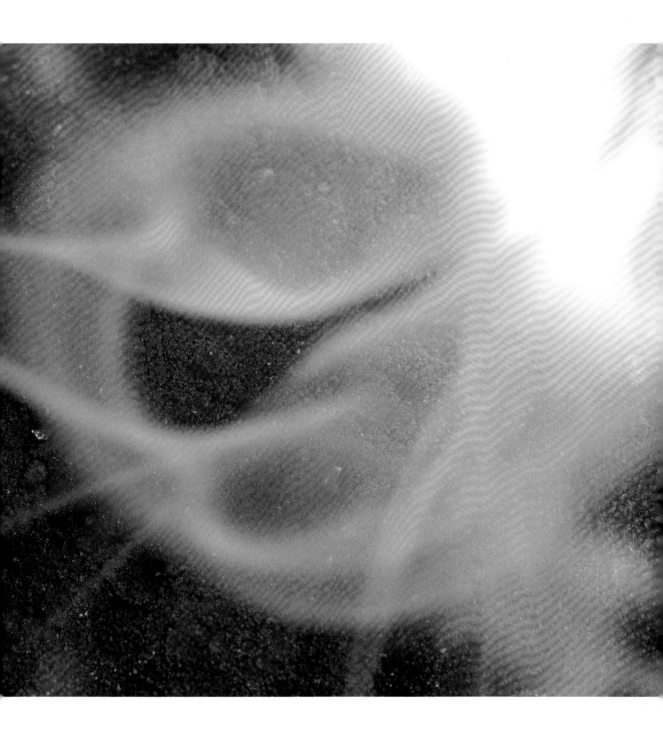

石燃料而形成的气候危机。制造这类"绿色"燃料是化学家如今要应对的一大挑战。

蜡烛火焰的化学过程听起来好像很简单，就是石蜡中的碳氢化合物跟氧气结合生成二氧化碳和水并放热的过程。哎，真有这么简单就好了！有一个明显的线索表明还有其他过程在发生：火焰是有内部结构的。在烛芯附近，火焰通常发蓝，更远的地方则会变成黄色。此外，光又是从哪里来的？

虽然我们前面看到的简单的燃烧方程式描述了整体过程，但原子的重组并不是一步到位发生的。燃烧过程中有很多中间反应，包含一系列化学物质的混合。化学家彼得·阿特金斯（Peter Atkins）说："蜡在到达烛芯处并燃烧时，碳原子之间，以及碳原子和氢原子之间的化学键会断裂。大火会产生暴风般的混乱场面，分子被撕成碎片，甚至碎成单个原子。"

火焰中混乱的热气体里，就包括石蜡分子分解成的一种碎片：一个碳原子只与一个氢原子结合形成的分子 CH（次甲基）。前面说过，在碳氢化合物中，每个碳原子倾向于跟 4 个原子相连，因此，CH 分子

有一些成键的潜能未获满足。这种分子被称为"自由基"，具有很高的反应活性。这类分子碎片会组合形成主要为纯碳的小颗粒，也就是煤灰，它会穿过火焰，升入对流气流之中。火焰的黄色部分含有温度高于 1000℃ 的煤灰颗粒，在这个温度下它们会像电灯泡的金属灯丝一样发光。烛光就来源于此。

至少大部分烛光来源于此。在火焰底部、烛芯附近的蓝色区域，从熔融石蜡汽化而成的碳氢分子还在分解过程中，煤灰颗粒尚未形成。蓝光大部分来自一种由两个碳原子相连形成的自由基分子：C_2。这种分子最初来自两个高能态碳原子的组合，但 C_2 分子的形成放出了部分能量，变得更加稳定，放出的能量就形成了蓝色的光。C_2 分子在某些彗星周围布满尘埃的光环中也很常见，这些分子遇到紫外线会进入高能态，以绿光的形式释放出多余的能量，这解释了为什么有的彗星会发出泛绿色的光。这也印证了法拉第的说法：蜡烛的火

蜡烛火焰上方放置的一块玻璃上收集到的黑色煤灰

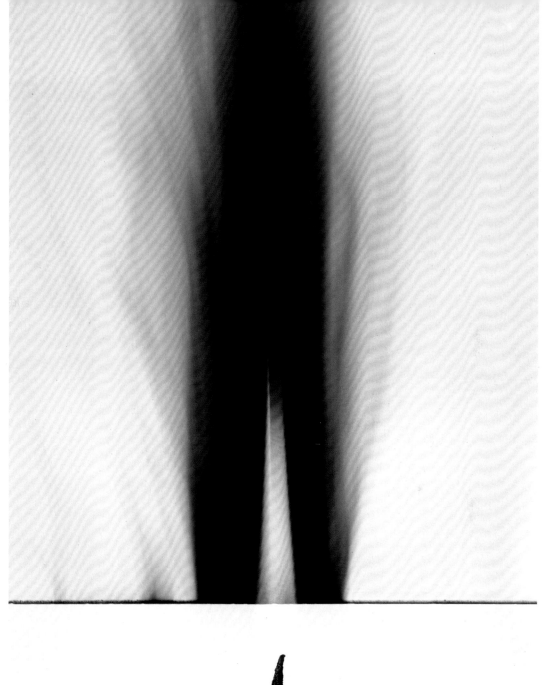

燃烧的铁丝

铁丝燃烧产生的四氧化三铁（铁黑）

焰蕴含着宇宙的奥秘。

烛焰中的碳原子和碎片会以各种各样的方式互相结合。大部分碎片形成了煤灰颗粒，类似于极小片的石墨：碳原子连接成六角环组成的蜂窝状薄片，每个角的碳原子与另3个碳原子相连。区别只在于，石墨中的碳原子薄片往往一层层整齐地叠在一起，而煤灰中的薄片只是随意乱堆。与石墨一样，煤灰颗粒会吸收绝大部分可见光，因此呈黑色。

碳原子还有其他组装方式。在钻石（金刚石）中，它们相连形成的网络跟石墨截然不同：不是扁平的六边形，而是三维晶格，每个碳原子与周围4个碳原子相连，这4个碳原子可以看作一个正四面体的顶点（此结构可见附录）。钻石在常压下不如石墨稳定，但在高温高压下更为稳定，这就是为什么地下深处富含碳的流体中会有钻石沉淀出来。极小的金刚石叫纳米金刚石，它们也会出现在蜡烛火焰中。据估算，**一根典型的蜡烛在燃烧的每一秒都会产生上百万颗这样的小小钻石。**

当然，这个数量很不够，加上纳米金刚石实在太小，因此很难产生什么价值。但是，如果仔细调节含碳碎片气体中的各项条件，例如用少量氢气加热甲烷气体，就可以让碎片沉积在固体表面，从而产生大量金刚石。这就是工业金刚石镀膜的制造原理，可以保护并加固其他材料的表面。

火焰中的含碳碎片也可以组装成六边形薄层，进一步卷成空心的球壳或管。如果薄层中也含有一些五边形环，薄层就能弯曲成碗状。如有刚刚好12个五边形，一张薄层就可以完全弯曲成球壳状，形成一个空心的碳分子，名为"富勒烯"。这种简洁优雅的结构包含正好60个碳原子（C_{60}），球面的五边形和六边形排列和足球一模一样（见附录）。平坦的由六边形组成的石墨样碳原子薄层也可以卷成管状，有时两端带有半个富勒烯的半球状封口。这类管子的直径往往只有几纳米（1纳米为1毫米的百万分之一），因此叫"碳纳米管"。富勒烯和碳纳米管直到20世纪八九十年代才被发现，但科学家惊讶地意识到，我们只要点起火焰，就在无意中制造了这些产物。这两种材料对纳米技术（在纳米尺度制造有用的结构和器件的领域）可能很宝贵。

C_2分子表明，能量过高的原子和分子会通过发出特定颜色的光来把能量释放出去。这是因为，主宰这些小小物体的量子力学法则规定，粒子只能拥有特定的能量值。因此，要从一个能态跃迁至另一个能态，就要发射或吸收特定能量的光子。而光子的能量决定了它的颜色。

这为识别特定的原子和分子提供了一个方便技巧：可以看它们发射或吸收的光的颜色。这种方法叫"光谱学"。

有些元素的化合物燃烧时，火焰会带有特定的颜色。你如果曾经把锅里含盐的水洒出来，溅在炉子上，大概发现过燃气的火焰在一瞬间闪耀出明亮的黄色。这种黄色就来自食盐中的钠：钠原子被加热到高温时会发出强烈的黄色光。钠蒸气路灯往往是黄色，也是因为电流穿过其中的钠原子气体时刺激钠原子发出了黄光。

其他金属在燃烧时会发出别的颜色。有些金属元素首先被发现，就是通过它们发射出的特征性的光。铷（rubidium）是一种类似于钠的碱金属元素，它的英文名就来自它发出的深红色（ruby）光，用无色的本生灯火焰燃烧铷盐时就能看到这种颜色。

金属元素铊的英文名（thallium）则源自希腊语表示"绿芽"的词，因为19世纪60年代它是因其明亮的绿色发射光而被首

安全火柴

次发现的。把一滴或一小块金属样品放在本生灯火焰中，观察火焰的颜色，是鉴定元素的一个简便快捷的方法：钙呈砖红色，铜呈蓝绿色，钾呈淡紫色。

你肯定已经见过其中一些颜色，因为烟花就利用了这种焰色反应现象。人们往火药中加入少量的金属化合物，就能在燃放烟花时产生万花筒一样多姿多彩的火星。因此，说烟花颜色的设计和制造是一种真正的化学艺术也并不过分。

火不仅是变化的化身，也是它的象征。在木材燃烧产生的闪烁火焰中，一切皆不稳定：火焰快速而迷人的舞蹈代表着不可预知性的精髓。它们就像家里壁炉中的微型极光（极光也是高能分子发光产生的现象）。反过来，**极光也可以说是点燃大气层形成的火焰**。

火焰混乱的行为来自它包含的复杂化学反应，更加上变幻不定的气流。它是偶然与必然的完美结合。燃烧必然会把燃料带向更低的能态，但空气和燃料的量不可预测的细微变化，会进一步被火焰中多种中间分子和物质发生的复杂相互作用放大。

在受到精细控制的火焰中，这类作用与反馈会产生惊奇的结果。1892 年，两位

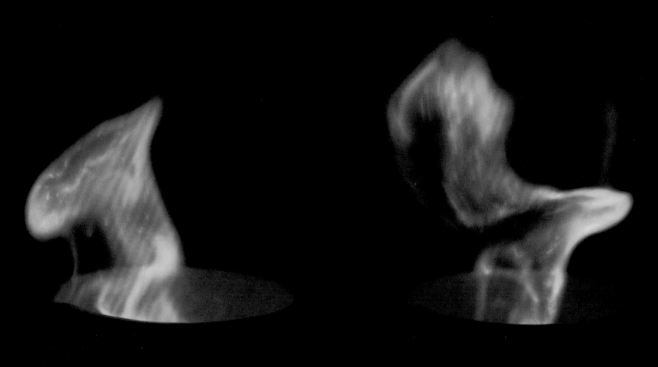

上：铜离子焰色反应　　　　下：钠离子焰色反应

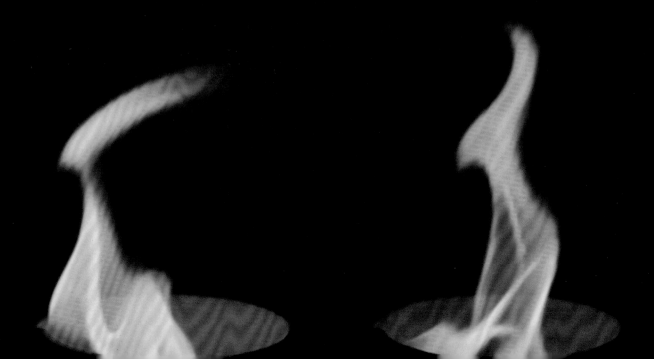

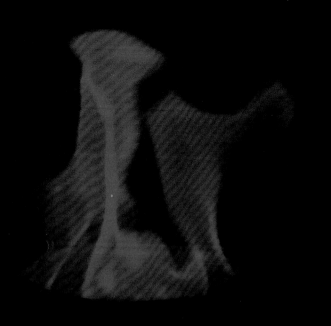
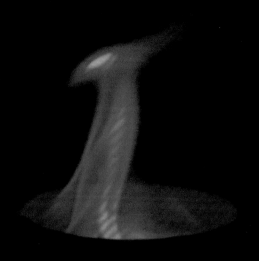

上：锂离子焰色反应　　下：钾离子焰色反应

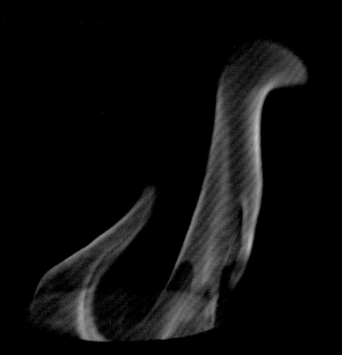
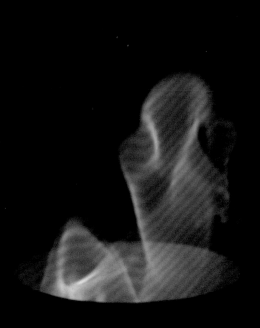

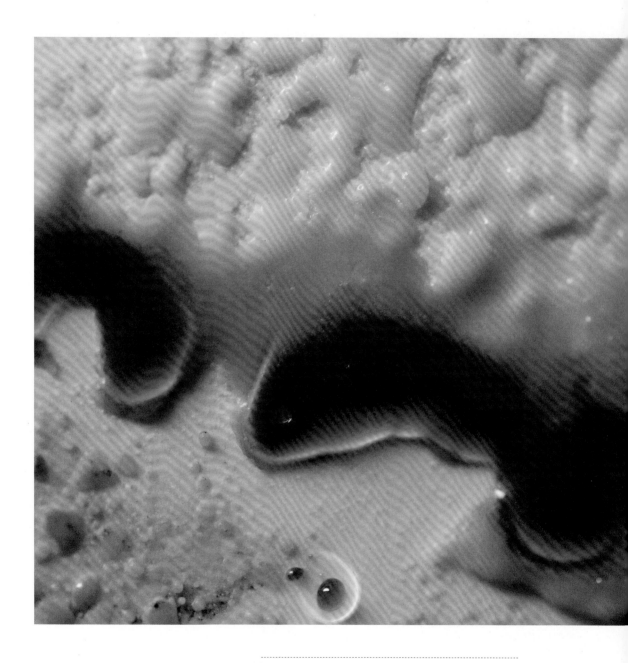

硫的燃烧：火焰呈蓝色，熔化的硫在高温下变成红色

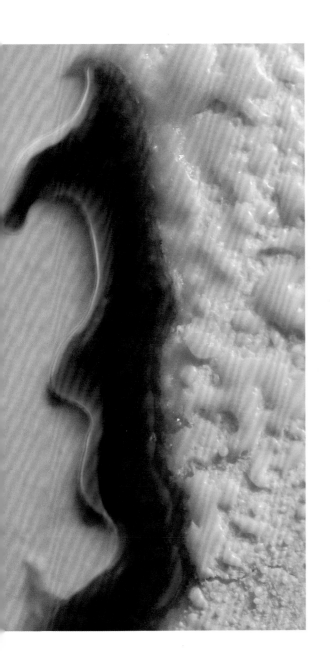

研究者发现，碳氢化合物在空气中燃烧的火焰可以分成花瓣般的不同部分，就像燃气灶发出的彼此分离的火苗那样（虽然燃气灶的火焰是人为让燃气从排成一圈的一系列小洞口出来燃烧而形成的）。100年后的研究表明，这类分离的火焰可以形成有序的图案，就像花蕊的排列一样，有时这些图案还会旋转。这类现象都与精密平衡的过程有关：燃气燃烧的速度，以及燃气和氧气补充的速度。不管在什么场景下，产生这样的火焰图案都表明，简单的一个化学方程式无法表述整个燃烧过程中分子尺度下发生的多个复杂事件。

而化学就是复杂模式和形态的来源。正如法拉第所说：凝视蜡烛的火焰，你就瞥见了宇宙壮丽的多样性。

延伸阅读 :

Atkins, P. W. *The Laws of Thermodynamics: A Very Short Introduction*. Oxford: Oxford University Press, 2010.

Atkins, P. W. *The Second Law: Energy, Chaos and Form*. New York: W. H. Freeman, 1994.

Baggott, J. Perfect Symmetry: *The Accidental Discovery of Buckminsterfullerene*. Oxford: Oxford University Press, 1996.

Faraday, M. *The Chemical History of a Candle*. Oxford: Oxford University Press, 2011.

Gorman, M., M. El-Hamdi, and K. A. Robbins. "Experimental observation of ordered states of cellular flames." *Combustion Science and Technology* 98, 37 (1994).

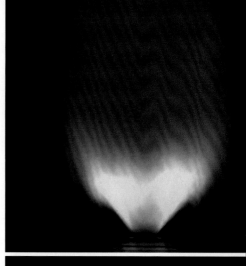

火焰拍摄于上海交通大学机械与
动力工程学院齐飞教授实验室

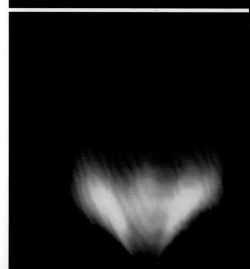

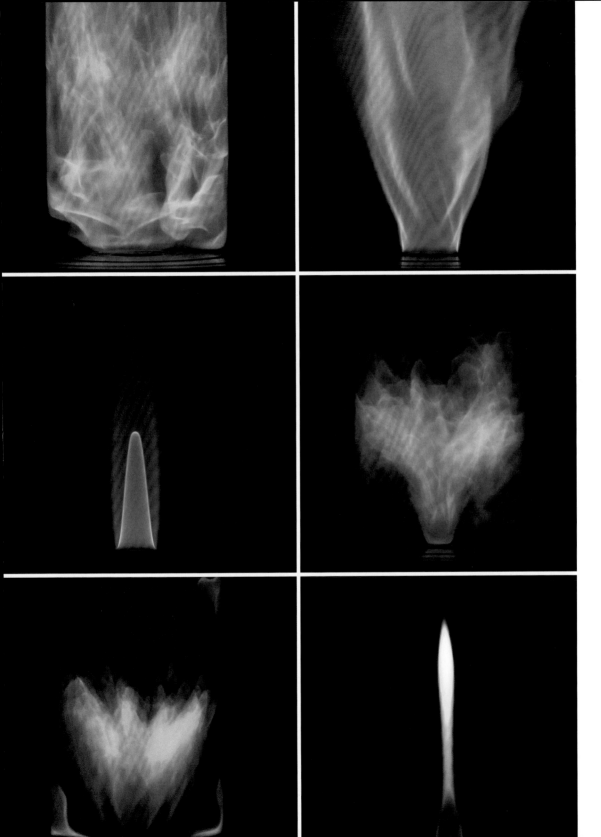

高锰酸钾溶液滴入蔗糖和氢氧化钠混合溶液中产生的图案

第六章

刺激：电化学的魔力

从富含金的蒸汽中沉积出的金晶体

"**我**们西班牙佬知道，心病只有金能医。"殖民者埃尔南·科尔特斯（Hernán Cortés）写下这句话时，显然不是第一个中了黄金魔咒的人。出于对黄金的爱，他洗劫了位于今墨西哥中部的阿兹特克帝国，就像他的同胞弗朗西斯科·皮萨罗（Francisco Pizarro）从印加帝国掠夺成吨的黄金那般。

到底是黄金闪光的诱惑让我们认为它大有价值，还是因为它有价值我们才醉心于它的美丽？到底是鸡生蛋，还是蛋生鸡？

金属反射的光泽里确实有种魔力。金属的反光把世界扭成了奇形怪状，这里像镜子一样明亮，那里又是暗色的条痕。镀银镜会把我们引入一个镜中世界，一切都左右相反，好像一样又好像不一样，也难怪各种幻想故事都把镜子作为进入某种异世界的大门，或者某种超自然主体说话并现身的载体了，比如《白雪公主》中王后的魔镜，以及吸血鬼德古拉在镜中没有倒影。镜子似乎把空间加倍扩大，因此仿佛违反了空间的定律。

而在所有闪闪发亮的金属中，黄金又格外特殊：它是少数不会失去光泽的金属之一。银器要不时擦拭以除去表面变黑的一层，但黄金从不变色。铂（platinum）同样有不会生锈的特征，并因此获得珍视（虽然它直到 18 世纪才被认为是一种独立的金属元素，其名字在西班牙语中意为"小银"）。因此，炼金术士认为黄金象征着长生不老也就不足为奇。中国古代的术士更倾向于直接寻找长生不老药，而非从不那么贵重的金属中炼出金来。"金饮"（aurum potabile），一种供饮用的红宝石色的金颗粒悬浮液，当时被认为能治百病。

不过，我们大多数人只买得起不超过一只婚戒用量的黄金。更实惠一点的替代方案是给便宜的金属镀上一层黄金薄膜，让它拥有金的外观。也有人会镀银，比如很多有追求的家庭一度流行选用镀银的餐具和厨具，以获得宾客的赞叹，并让钢制的餐具不那么容易变暗。

金属的光泽自身就有其魅力，不仅仅因为它们从表面上象征了富裕。例如，可以想一下凯迪拉克的镀铬保险杠，或是铜管乐队得意扬扬的闪光。这种闪光的表面通常是通过一种名为"电镀"的过程形成的。电镀是一种电沉积：通过电，沉积出一层金属。这是电力被应用于化学的经典（有时也很壮观的）例子。

"电化学"里的"电"自然指的是电力，但有时也指"电子"。电子是一种基本的亚原子粒子，**所有化学反应都出自电子的重新排列**，每个化学过程都涉及电子的某种移动。电子就像把原子结合成分子的"胶水"。化学键形成或断裂时，电子都会重新分布：胶水在这里多点，在那里少点。

在某些反应里，原子或分子会完全失去或得到一个甚至几个电子。由于一个电子带一个负电荷，电子的交换就会改变原子整体的电荷。

你可能会问：电子带一个"负"电荷，到底是什么意思？这是个好问题，其实正和负只是一个习惯问题。正电荷和负电荷（对应于电池两端分别写着的"+"和"−"符号）彼此相反，放在一起会相互抵消，净电荷变为零。但我们规定电子的电荷为"负"，原子核中质子的电荷为"正"，完全是任意的。我们也可以规定电子电荷为正，质子电荷为负，不会有任何影响，就像把右换成左，把左换成右一样（不过，抛开语言命名的任意性，左和右是否真正等价，也就是镜中世界和我们的世界是否真正不可区分，是物理学中一个深刻的问题）。

当原子包含的电子，即在致密原子核周围散布成云的电子，其数目与原子核中带正电的质子数相等时，原子就是电中性的，或说不带电荷。电子比质子小很多也轻很多，但其所带电荷与质子相同，且电性相反。如果原子的质子数与电子数不等，原子就会带或正或负的净电荷，并被称为离子。离子所带电荷是整数，它们不能得到或失去"半个电子"。（当然，有时候我们会为了方便称某个原子或分子带有一个电子电荷的几分之几，因为一片散开的电子云可能为好几个原子共有。）

我们在前面看到，物质与氧气反应时往往会产生名为"氧化物"的产物，这种反应也被（相当合理地）称为"氧化"。然而，化学家认定的"氧化"涵盖范围更广，有时根本不需要有氧气参与。对此，我们只能表示抱歉，科学中有太多名词出自某种历史原因，但后来其含义超出了其名称起源（"氧气"一词本身也属于这种情况）。对于如今的化学家来说，"氧化"指的是失去电子的过程。如果一个原子或分子失去一个或多个电子，它就被氧化了，意即它获得了正电荷，或说带的正电荷增加了。

不过，叫"氧化"也是有一定道理的。氧原子是最渴求电子的化学体之一，因此氧元素的反应活性很强，一有机会就会疯狂攫取电子。我们在铁生锈的过程中就可以看到这种行为。铁暴露在空气中时，表面会受氧气的侵蚀，形成棕红色的氧化铁。在铁金属中，铁原子是电中性的，质子数和中子数相等。但在氧化铁中，氧原子剥除了铁原子的一部分电子。粗略来讲，1个氧原子获得了2个电子，让氧原子变成带2个负电荷的氧离子，而每个铁原子失去3个电子，形成带3个正电荷的铁离子。为弥补电荷差异，氧化铁中铁和氧的比例应为2:3，因此化学式为 Fe_2O_3。（但实际上铁锈的化学组成各异；它在潮气下更易形成，铁锈本身往往也带水，因此严格来说，铁锈是水合氧化铁。）铁就是这么被氧化的。这里的氧化固然意味着铁与氧气本身反应了，但更本质上讲，是铁失去了电子。

获得电子的逆过程则叫"还原"（reduction）。这听起来也很不合逻辑：怎么用"减少"（reduction）来描述"获得"电子的过程？但在最初的语境中，还原过程确

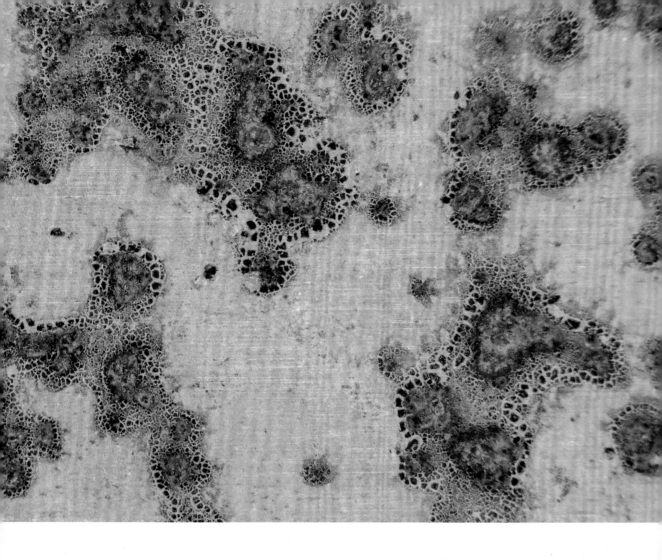

实减少了某种东西——反应物的质量。大部分金属在自然界中以矿石的形式存在，矿石是化合物。铁矿石就通常是某种形式的氧化铁，如赤铁矿。要炼出纯金属，得去除矿石中的其他元素（如氧）。铁器时代的来临（公元前 1000 年左右，更准确的时间要看具体地区），就是因为人类首次找到了炼出纯铁的办法：把铁矿石和木炭一起加热，来去除矿石中的氧元素。铁矿石中的氧元素与木炭中的碳元素结合形成二氧化碳，剩下的就是熔融的铁。炼铁的方法大概在全世界的不同地区被独立发明了好

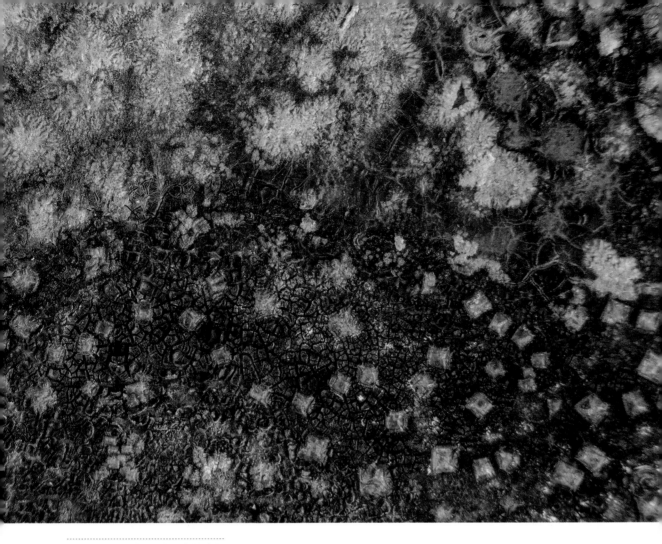

左 & 上：盐水侵蚀铁形成的铁锈

几次，并变革了当地的社会与政治：脆弱的青铜武器在坚硬而锐利的铁器面前不堪一击。不过，这里的重点是，铁矿失去了氧元素，减少了重量，也就是被"还原"了。

善于攫取其他物质电子的元素或化合物叫"氧化剂"。氧气本身就是一种很强的氧化剂，它是恶毒的侵蚀者，是钢铁结构变为氧化物进而发红变脆的罪魁祸首。但氧气并不是所有氧化剂中最强的——比如氟就比氧更渴求电子，甚至可以从氧身上抢走电子。带有很高正电荷的离子（也就是非常缺乏电子的离子）也能成为很好的

用蔗糖还原高锰酸钾

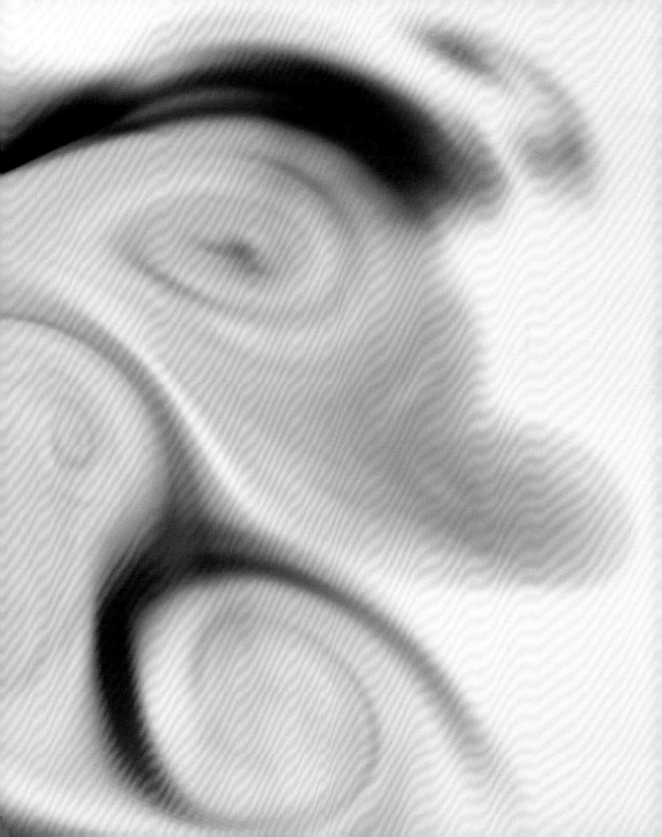

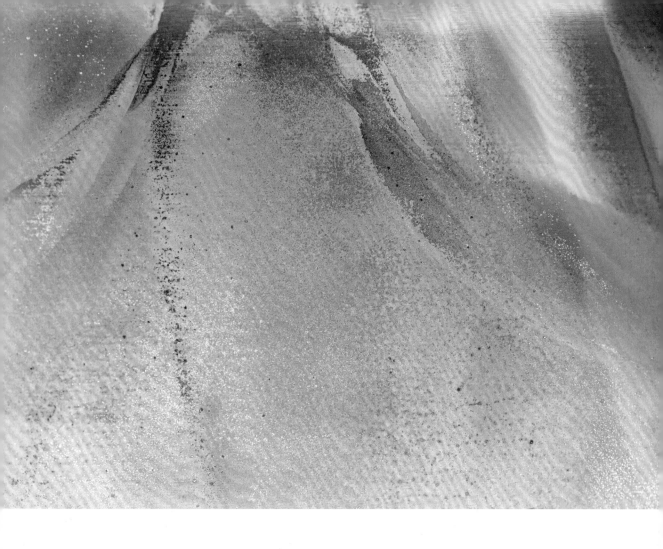

氧化剂，一个例子就是高锰酸钾（$KMnO_4$），其中的锰原子可以说带 +7 的电荷（当然，锰原子是和附着其上的 4 个氧原子共享电子，所以并不是真的带这么惊人的高电荷）。这种物质常被用作消毒剂，可以把饮用水中的有毒物质氧化掉。

按类似的道理，倾向于贡献出电子的化合物就叫"还原剂"。还原剂包括已经拥有很多电子的化学物质，例如亚铁氰根离子 $Fe(CN)SO_6^{4-}$；像锂和钠这样的碱金属也是强力还原剂，因为它们"渴望"失去电子。（前面提过，这种拟人化的语言只是表

左 & 上：在有氧气和丙酮蒸气的环境中加热铜板。铜先与氧气反应形成氧化铜，然后氧化铜再被丙酮还原成铜，不断循环往复，直到丙酮耗完为止。五颜六色的外观出自光在氧化铜薄膜上产生的干涉

明，这样的倾向能使整个系统的能量变低，就像水"渴望"往低处流一样。）

没有氧化就没有还原，没有还原也就没有氧化。这理所当然，电子要移动，自然得从一个地方移到另一个地方。包含氧化和还原的化学反应叫"氧化还原反应"，

这类反应在化学中极为常见，铁的锈蚀就是一种氧化还原反应。

如果说化学本质上就是电子的移动，那电就更是如此。当然，要精确地描述会很复杂，科学一向如此，

但用最粗略的语言来讲，沿着铜导线流过的电流就对应着电子的移动。假设我们用一根导线把电池的两头连起来，异性电荷会相吸，因此电子会被拉向电池正极。为了平衡这一运动，电池负极会有电子流出。这就是电池的含义：它是电子的源和汇，我们可以利用电子的运动来提取电力、驱动电器。

这么一来，我们是不是也可以用电力（比如电池）来驱动化学反应？当然可以，这正是电镀和电沉积的原理。反过来，电池本身也是通过把自身化学反应的能量转化为电能，才能在其他化学过程中驱动电子交换。

电池刚一被发明，研究者就发现了电和化学之间的紧密联系。电池的发明产生于 18 世纪末两位意大利科学家间的争论。医生路易吉·伽伐尼（Luigi Galvani）发现，用两种不同金属触碰被解剖的青蛙的腿，青蛙腿会抖动。伽伐尼的实验让当时一些科学家猜测，生命本身或许就跟电有关，或者是电流经动物神经（当时的人把电看作一种流体）的产物。这个想法后来给十几岁的玛丽·戈德温（Mary Godwin，后来成了诗人珀西·雪莱的妻子）留下了

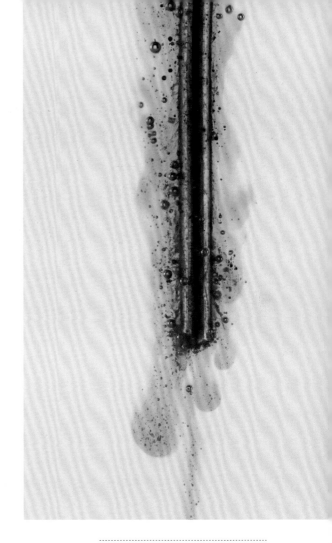

溴化钠溶液电解过程中的阳极。阳极处产生了氧气气泡和橙色的溴

深刻印象，并在 1816 年激发她写出了她最著名的小说《弗兰肯斯坦》。

伽伐尼的意大利同胞亚历山德罗·伏打（Alessandro Volta）则怀疑，青蛙腿根本没有产生任何电，他认为电来自青蛙腿

硫酸钠溶液的电解，溶液中加入了
溴百里酚蓝作为酸碱指示剂

接触的金属。为证明这一点，他把两种金属（铜和锌）不经过青蛙腿，而是经泡过盐水的布片或纸板相连。盐溶液里有带电的离子，因此能导电。伏打表明，光是这种安排就能产生电流。我们可以这么理解：

两种金属有不同的电子能量，因此相连时电子会从一种金属往另一种金属中流动，即"往低处流"。这种组合就成了一种电池。伏打发现，把许多铜和锌的金属盘成对堆叠在一起，彼此间用泡过盐水的纸板隔开，可以形成更强的电力（我们如今会说更强的"电压"，现在你知道电压单位"伏特"volt的来历了吧）。顶部和底部的金属盘就是电池的两极，铜盘是正极（+），锌盘是负极（-）。这就是一个"伏打电堆"，1799 年由伏打首次提出。

1800 年，伏打在一封写给位于伦敦的英国皇家学会的信中描述了他的这一设备。英国化学家威廉·尼科尔森（William Nicholson）与外科医生安东尼·卡莱尔（Anthony Carlisle）用伏打电堆让电流经黄铜（brass）线入水，发现没入水中、与锌极相连的黄铜线一头产生了气泡。他们又用银代替纯铜（copper）作为电堆的另一极，发现这一头的黄铜线失去光泽变黑了。用铂线代替黄铜线以后，两头都冒出了气泡。他们推断，与电堆负极相连的一端产生的是氢气，与正极相连的一端产生的是氧气——氧气会与黄铜反应，让黄铜变黑，但不会与反应活性更低的铂反应。氢和氧正是水的组成元素，因此尼科尔森和卡莱尔意识到，他们用电把水分解成了其组成元素——这是一种化学反应。这种反应后来就叫"电解"（electrolysis），其中 -lysis 是希腊语"分解"的意思。

化学家们认为，他们或许还可以通过电解把其他物质分解为基本元素。伏打给了他的朋友，伦敦皇家研究院的汉弗莱·戴维（Humphry Davy）一个电堆，戴维用它研究了"草木灰"（potash，即钾碱，碳酸钾等钾盐和氢氧化钾的总称）和"苏打"（soda，碳酸钠）。他发现，电解熔融的草木灰，在负极可以收集到一种柔软的银色金属小球，小球出现后，表面很快就会覆盖起一层白膜，这就是金属"草木灰素"（potassium，即钾）。电解苏打则得到一种类似的物质，命名为"苏达素"（sodium，即钠）。如果周围有一点水汽，这两种纯金属都容易自燃：它们非常活泼，与水反应会产生可燃的氢气。

戴维 1808 年报告了这些实验的结果，这是人类首次见到这两种极易反应的金属的原形。同一年，戴维又用电解法发现了其他几种元素：钙、硼、钡、锶和镁。

这些元素中有几种在天然矿物中非常常见，但此前从未有人见过它们的单质形式，因为这些原子非常容易跟其他原子发生反应，失去电子，形成带正电的离子。如果伏打电堆产生的电压足够高，即金属盘堆得足够高，熔融化合物中的电子就会

用铂电极电解硫酸钠溶液。左侧电极
产生氢气，右侧电极产生氧气

被迫回到离子中。（在这些金属盐的水溶液中做此尝试是不行的，因为电子更容易附着在水中的氢离子上，形成氢气。实际上，戴维发现，哪怕熔融的盐中只带有痕量的水汽，电极处产生的氢气都会被点燃，发出明亮的火焰。）我们可以把钾离子吸收电子的反应写成如下形式：

$$K^+ + e^- \rightarrow K$$

这里的 e^- 表示从电池经过金属电极而来的电子。我们给它加上负号，以保证方程式两端电荷平衡：一个电子的负电荷与一个钾离子的正电荷相抵消。

这与我们前面看到的化学方程式好像不太一样，因为它看起来好像不平衡：在右边，电子到哪儿去了？它到了钾离子的身上，形成了一个电中性的钾原子，纯金属钾就以这种形式存在。

上述方程会先在与电池负极相连的电极（释放电子的一极，叫阴极）处发生。而在正极（阳极）处，电子则可以说是被吸到金属电极里去的。电子就这样沿整个电路循环：从阴极出来，进入两极之间的导电物质（叫"电解液"），然后从电解液中流出，进入阳极。也就是说，在电池两端之间有电流流过。如果电解液是熔融的氢氧化钾，在阳极处，氢氧根离子就会转化成氧气和水。这是个有点复杂的反应，不容易配平，但写出来大致是这样：

$$4OH^- \rightarrow 2H_2O + O_2 + 4e^-$$

这两个电化学过程——一个在阴极，一个在阳极——叫"半电池反应"，因为每个反应都发生在化学电池的一半。两个"半电池反应"形成的总体反应是用电力把氢氧化钾转化成钾金属、水和氧气。而"用电力"的意思是，你需要一个电源（比如电池）来驱动这一反应向前进行。从富含钠、钾等的矿物中提取这些金属，要消耗能量。

根据我们之前引入的定义，把钾离子转化成钾金属中电中性的原子，属于还原反应：是加上电子。另一个电极处的半电池反应则是氧化反应。这里好像很难明显看出来是什么被氧化了，但实际上被氧化的是氧本身。前面说过，氧化过程就是失去电子，而这里的净效应正是如此：每个

<hr />

显微镜下的醋酸铜，由醋作用于金属铜形成

显微镜下的醋酸铜，由醋酸作用于金属铜形成

到达电极处的氢氧根离子都失去了一个电子，让电子进入电路。

电解过程中发生的电解反应是在 19 世纪初由英国科学家迈克尔·法拉第解释清楚的。法拉第原本身份卑微，是戴维在皇家研究院的助手，但后来青云直上，成了戴维的同事乃至接替者——当然这也让他的导师有些懊恼。构成电化学基本词汇表的离子、电极、阳极和阴极这些词，也是他在朋友威廉·惠威尔（William Whewell）的帮助下提出的。

我们看到，电解可以把金属离子变成纯金属。对于没有钠、钾、镁这类金属活泼的金属，这个过程可以通过将电极浸入该金属盐的纯溶液来实现。把金属电极插入硫酸铜溶液，连上电池，铜离子就会沉积到阴极上，形成薄薄一层泛棕色的金属。如果你用铜金属本身来当另一个电极（阳极），半电池反应就会把铜原子变成铜离子，来补充溶液中损失的铜离子。就这样，铜实质上就是从阳极被侵蚀，再转移到阴极。这就是"电镀"的基础，在这里就是镀铜。

你可以电镀各种各样的金属，只要它们没有活泼到一跟水接触就跟水反应、被水侵蚀。金属物体可以作为阴极浸没在银的盐溶液（如硝酸银溶液）里，实现镀银。给钢铁镀锌，也就是在其表面形成一层防锈蚀的锌膜，也是通过在锌的盐溶液里电镀来实现的。

在伏打公布伏打电堆仅仅5年后，就有人首次使用电镀反应给器物镀金了。镀金后，便宜金属做成的珠宝看上去就跟纯金打造的一模一样：既然价值确实只在表面，谁又能辨出差别呢？（不过，精明的商人和金属工匠早在电镀工艺出现之前就见过用金箔覆盖的假货，知道可以通过测量密度来分辨真金和假金，因为大多数金属的密度都低于金。）

1805年，意大利发明家路易吉·布鲁尼亚泰利（Luigi Brugnatelli）描述了用电化学反应镀金的方法。到19世纪中叶，镀金和镀银已经进入了工业规模。哪怕是中等收入家庭，也可以用看起来非常奢侈的镀银餐具来给客人上菜。

教堂也可以用闪闪发光的镀金雕像来吸引信徒。到19世纪末，汽车厂商已经开始给保险杠镀上一层闪闪发亮的防锈金属——铬。

奇怪的是，电镀膜的应用并不包含给镜子镀银。给镜子镀银通常用的是一种化学方法而非电化学方法。从中世纪到19世纪末，镜子的镀膜都不含银；涂到玻璃上的反射涂层是一种由汞和锡混合而成的液态金属混合物，即一种"汞齐"，把它涂在玻璃表面再让汞蒸发就完成了。但1835年德意志化学家尤斯图斯·冯·李比希（Justus von Libig）发现了一种反应，可以把银盐转化成银金属，用这种反应可以往镜子上沉积一层银，银层非常薄，因此不会过分昂贵。1856年，他改进了配方，同年他的朋友、德意志发明家卡尔·奥古斯特·冯·施泰因海尔（Carl August von Steinheil）开始用这种方法给天文望远镜及其他光学设备制造反射镜。反射望远镜用精心调校的反射镜把光收集并聚焦到一点，其孔径越大，能收集的光就越多，效果也就越好，但此前的技术很难制造出质量过硬的大型反射镜，限制了其发展。

李比希的方法用到了硝酸盐和氨的混合物，再加上少量氢氧化钠。两个氨分子会附着在一个银离子上，形成所谓的二氨银离子。这种溶液与葡萄糖等糖类混合时，

一个透明玻璃瓶通过"银镜反应"覆上了一层银

银镜反应形成的银层中的缺陷，细节图

银离子会将糖氧化，同时自己在这个过程中被还原成银。你可以说它从一个糖分子那里抢了一个电子，让自己从离子变成了单质。把反应混合物洒到玻璃上，就能形成美丽而平滑的银反射层：这是氧化还原反应带来的令人愉悦的感官体验。

不过也不会永远这么平滑。电沉积反应刚出现的时候，人们就知道用这种方法镀出的金属膜可能会粗糙或说毛糙：有些地方的金属沉积得更快，因此形成了微小的分枝或说"手指"。这些不规则之处可能只在显微镜下看得清，但就算如此也破坏了饰面的光滑闪亮，令其暗淡无光。离近了看，电镀金属表面可能并不像平静的湖面，而更像丛林的树冠层。

这些分枝过程很难完全理解，更难预测，但了解这类过程为什么产生并不难。只有带正电的金属离子才会被吸引到镀膜生长的阴极，带负电的离子会被排斥，但这就意味着两种电性的离子在靠近电极表面的地方分布并不均匀，正电荷的累积会让金属离子互相排斥。表面对金属离子的吸引力会压倒它们彼此之间的斥力吗？整个过程非常复杂，可能在吸引和排斥间不断徘徊，薄膜的生长就类似于我们在第四章看到的冰晶变成雪花的不稳定生长了。最后，沉积可能就像某种有机生长过程一样，金属分枝宛如小小的珊瑚。

这个问题不仅会妨碍制造闪亮的金属涂层，也可能给电池带来麻烦。**在很多传统的可充电电池中，充电过程就类似于电镀**，把在放电过程中被部分溶解的电极再重新长回去。而如果金属表面长出分枝，电极的效果就会受影响，甚至电池两极长出的分枝还可能相连，从而让电池短路。

电池也是电化学设备。它们不像电解那样用电力来驱动化学反应，而是相反，用化学反应来产生电力。它们利用了能产生能量的化学反应（跟燃料或蜡烛的燃烧一样），只是电子的交换受到控制：在两个"半电池反应"中，电子被俘获到一端电极上，从另一端电极消散。

以可充电的锂空气电池为例，这是一类新型电池，有些研究者认为它们可能会替代如今常见的锂离子电池。锂空气电池利用的是锂金属与氧气生成氧化锂（有时生成其他含锂化合物，具体反应取决于电池设计）的反应。关键过程是负极处锂的氧化（释放电子）和正极处氧气的还原（吸收电子）。电池放电时，这些电子就会在整个回路中流动。

因为锂是一种很轻的金属，它与氧气的反应又能释放很多能量，因此锂空气电池（又称锂氧电池）应该可以把很多能量储存进小小的设备里，比如今的锂离子电池更节约空间，足以支撑电动车辆行驶很远。如果我们能安全、可靠又廉价地实现这种电池技术，或许就能减少对有污染的化石交通燃料的依赖。

要给电池充电，我们需要用电源来驱动反应逆向进行，相当于把反应"往上推"，就像用电力把水泵入海拔更高的水库里一样。在锂空气电池的充电过程中，锂离子在电池负极内部逐渐沉积成锂金属。这一过程特别容易形成尖尖的金属"胡须"，即"枝晶"（见第四章）。随着"放电—充电"的不断循环，锂电极可能逐渐远离最初的平板状，慢慢变成充满分枝的"灌木丛"，最终可能碎裂甚至短路——在最坏的情况下，短路可能令电池起火。化学家如今正尽心竭力寻找抑制这类生长不稳定性的方法，例如用固态电解液（离子可在固体晶格内四处移动）来从物理上阻止分枝生长，或在电解液混合物中加入添加剂。电沉积

的晶须近看可能很漂亮，但在技术上可真让人头疼。

银色的闪光是金属的标志性特征之一，从钠、镁到铁、铂，甚至液态的汞，都莫不如此。至少刚刚暴露在空气中的平滑的金属表面是这个样子的。有些金属的光泽不会保持太久，因为其原子会与空气中的分子（氧气、二氧化碳、水蒸气等）反应，失去电子，从而变色。对于钠这样非常活泼的金属而言，这一过程可能会短到以分钟计。铁生锈大概需要数天，银器褪色需要数月到数年，而铂和金几乎永不褪色。

可它们一开始为什么会有光泽？是什么给了金属特有的光泽，不同于花岗岩、纸和皮肤？部分原因跟质地有关：金属可以做到平滑如镜面，因此光会直接从表面反射回去；而在较粗糙的表面上，光会在凹凸不平的地方随机散射。拉丝金属就是因为有了一片细划痕而失去了平滑反光。

但就算是其他平滑反光的非金属材料，其不通透的色泽也不同于金属的银光。金属的光泽正是直接来自定义其为金属的特性：高导电性。金属导电，是因为金属中

从富含金的蒸汽中沉积出的金晶体

含有很多离开了原本所属的原子，在整片晶格间四处游走的电子。单个的金属原子是电中性的，但金属原子凑在一起后，每个原子都会出一两个电子，放进一个"公共电子池"，形成某种弥漫在整块金属中的电子"海"。金属离子就像堆满浴缸的卵石，而逃离金属离子的电子形成的"液体"，会像水一样填满金属离子"卵石"间的空隙。

这些移动电子是"可搅动"的：一旦有光照在金属表面，表面的电子就被搅动起来。还记得前面我们说光是一种起伏的电磁场吧，因此，电子也会被光的波动影响，也开始振动，形成自己的起伏的电场，从而刚好抵消光的场。这意味着，光几乎

从富含金的蒸汽中沉积出的金晶体

不能穿透金属，所以只能像照射到镜子表面那样被反射。（不过，如果光的频率足够高，电子就来不及反应了，这就是为什么紫外线的穿透力更强。）

有的金属并非银色，而是带有自身的一些颜色，如铜或金。它们不会完全反射所有的可见光，而是会其中吸收一部分。

这些金属吸收的通常是短波长的光，即可见光谱里偏蓝紫色的一端，因此反射的光看起来就更偏红色或黄色。

不过还有件事值得一提。金的颜色，是爱因斯坦的狭义相对论的奇妙结果带来的。狭义相对论认为，物体运动速度接近光速，其质量会增加。不是说它们从周围的真空中获得了更多的物质，而是该物体内部的每个粒子都增加了质量。

金的原子核质量很大，带有的正电荷数量也很多，因此最靠近原子核的电子会被加速到很高的速度，足以因"相对论效应"而增加质量。质量的增加让电子离原子核更近了一点，这又会对外层的其他电子产生连锁影响，直至影响到组成金属中"移动电子海"的电子。电子能量的改变略微降低了该金属屏蔽蓝光的能力，让蓝光得以穿透并被吸收。

激发科尔特斯欲望的黄色闪光，竟然来自现代物理学中最奇特的现象之一：运动速度够快就会让质量增加。**如果你戴着金戒指，那里面的粒子可是在跳着近光速的舞蹈**，给这种致密的金属带来了它特有的色泽。再多想想，这种相对论效应也能解释金为何化学活性如此之低、如此耐腐蚀，从而成为永恒的有力象征。谁能猜到这种危险的诱惑竟有如此奇特的起源？

延伸阅读：

Boynton, H., ed. *The Beginnings of Modern Science*. Roslyn, NY: Walter J. Black, 1948.

Hammer, H., and J. Norskov. "Why gold is the noblest of all the metals." *Nature* 376, 238–240 (1995).

Hunt, L. B. "The early history of gold plating." *Gold Bulletin* 6, 16–27 (1973).

Kim, H., et al. "Metallic anodes for next generation secondary batteries." *Chemical Society Reviews* 42, 9011–9034 (2013).

Knight, D. Humphry Davy: *Science and Power*. Oxford: Blackwell, 1992.

密排的铜球

用蔗糖还原高锰酸钾

图像对我理解化学非常重要。我在整个职业生涯中都一直在利用图像来展示质谱仪中从溶液到气体的相变是如何扰动蛋白质结构的。我还会用图像来表示化学反应。我想，这样你可以充分发挥想象力，来传达你觉得或许正在发生的事情。

想象力在科学中非常重要，艺术与图像是强大的方式，能让你的思想鲜活起来。

卡萝尔·鲁滨逊（Carol Robinson）女爵士
牛津大学教授，英国皇家学会会士，英国医学科学院院士

粉色康乃馨遇
氢氧化钠溶液后变色

第七章

多彩：植物的奇妙变色

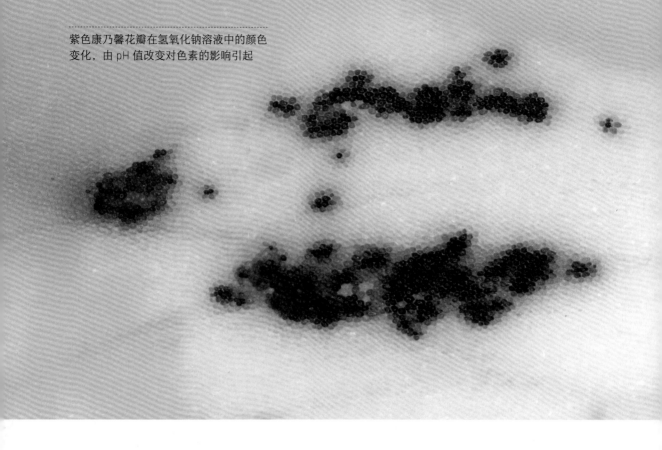

紫色康乃馨花瓣在氢氧化钠溶液中的颜色变化，由 pH 值改变对色素的影响引起

正是化学让世界如此多彩。

诚然，给彩虹上色、让天空变蓝，并给昆虫身体和蝴蝶翅膀赋予斑斓色彩的是物理学；但如果把目光转向万紫千红的花园、青翠欲滴的雨林，或是莫奈绘制睡莲、凡·高描画麦田所用的颜料，那我们必须感谢化学。

对色彩的喜爱让我们研发出了各种各样的色素和燃料，其中很多是多年来逐渐发现并积累下来的合成化合物。不过大自然本身并没有沉迷于审美闲情，至少并未明显如此。生物世界中的颜色往往服务于一些目的。它可能是为了发出警告：黄黑相间的显眼条纹是在提示捕食者自己有毒，或者长着危险的毒针。相反，颜色标记也可以用于吸引，广泛用于求偶展示：把花

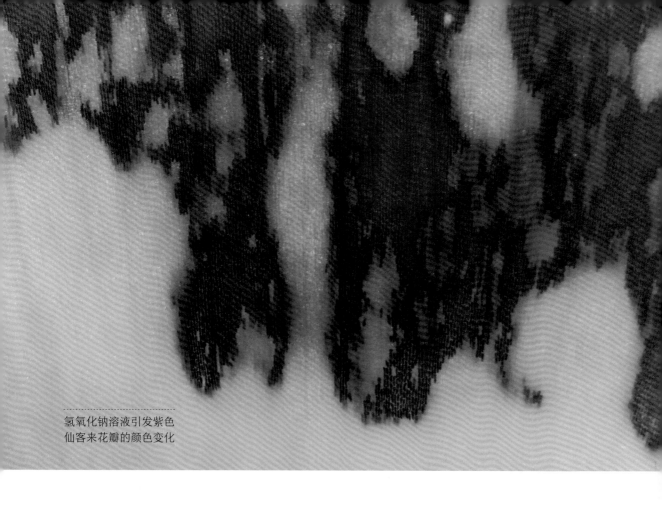

氢氧化钠溶液引发紫色
仙客来花瓣的颜色变化

枝招展的打扮称作"孔雀开屏"并不只是形象的说法。(在动物王国,外观鲜艳、招摇过市基本是雄性的专利,没人知道为什么在许多现代人类社会情况竟然相反。)

　　有些生物可能会把体表颜色精心组合成绝妙的伪装,要么模拟周围环境的色调和质地(比如蛾如其名的枯叶蛾),要么用显眼(如高对比度的条纹)的设计来让捕

食者眼花缭乱(不过斑马的黑白条纹有什么用至今仍不清楚,目前一个主要理论认为,这种条纹不是伪装,而是为了吓退叮咬的蝇虫)。动物身上的斑纹可以帮同一物种的个体辨认出彼此,以防止徒劳无功的跨物种交配,有些蝴蝶也会借此识别潜在的配偶。(不过,即使有条纹,青蛙还是会犯这种错误,但没有证据表明它们会因此

氢氧化钠使品红色康乃馨发生颜色变化

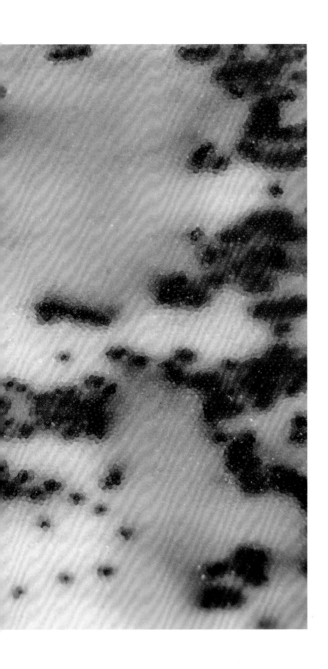

而"社会性死亡",毕竟正如马克·吐温所说,只有人类会脸红,或者说需要脸红。)

为何我们人类这么喜欢颜色,这在很大程度上仍是个谜。诚然,人眼的色感很强,尤其是在"红—黄—绿"波段。我们的大猿祖先不仅需要穿过树叶识别出可以吃的水果和浆果,还要通过色调来判断果子的成熟度,生果子吃了可能肚子疼。但我们为什么会因色调而快乐?为什么会觉得它们令人兴奋、引人注目、绚丽多姿?

有些研究者猜测,我们不该草率断定其他生物就不会如此欣赏颜色、就只是纯从功能角度冷眼看待颜色。谁能说鸟儿在看到潜在配偶的华美羽毛时,在产生本能的性唤起之余,没有某种模糊的愉悦?毕竟,我们脑内跟享乐相关的神经递质分子形成的"奖赏机制",正是激发我们采取行动、追求美好事物的驱动力。

很多动物,尤其哺乳动物,体表的颜色并不特别丰富或鲜亮。大多数毛皮的颜色来自一类名叫"黑色素"的色素分子,其分子结构的细微改变会产生从黄褐色到红色、棕色和黑色等一系列色调。而植物的色素范围就要广得多。它们叶子的绿色来自叶绿素,叶绿素可分为两类,但分子

品红色康乃馨在稀盐酸中的颜色变化
上：早期阶段
右：变化过程

上：红色康乃馨变色前的样子
右：红色康乃馨浸泡在漂白溶液
中（由于色素的化学降解，
花瓣颜色先变黄，再变透明）

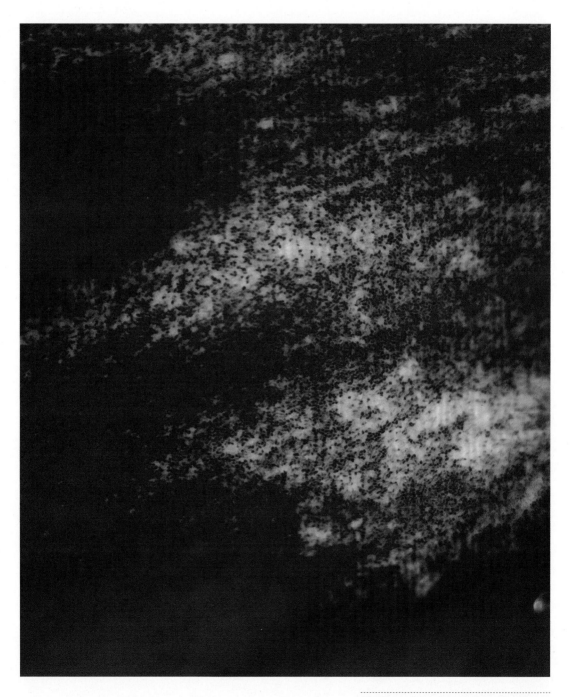

红色康乃馨被漂白剂漂白时的微观照片

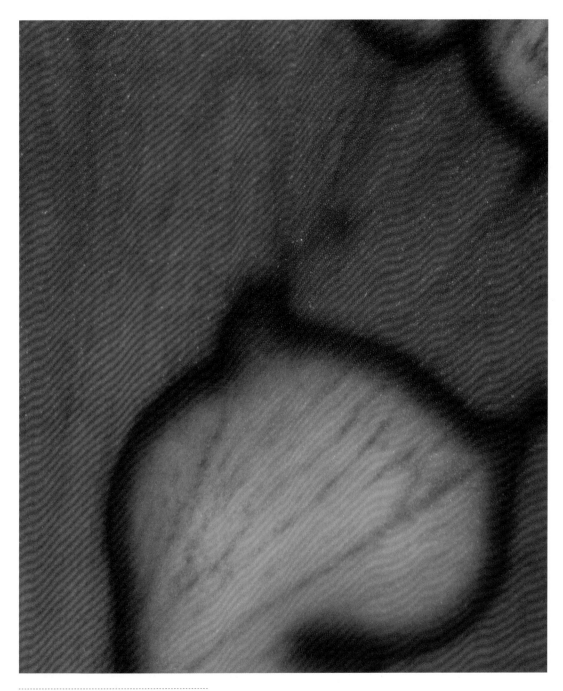

红色康乃馨花瓣与氢氧化钠反应而变色

区别极小。两种叶绿素都会强烈吸收太阳光谱红、蓝两端的光，只反射绿色光。被吸收的光的能量用于驱动植物体内把二氧化碳转变为糖类的化学反应，糖类既被用于植物细胞内的代谢，也被用于产生构成细胞壁和纤维的聚合物：纤维素。

植物和花朵中的黄色和红色则通常来自名叫"类胡萝卜素"的色素，它们会吸收蓝绿色光。这类色素的名字中含有"胡萝卜"并非巧合，其中一类叫"胡萝卜素"，就是让胡萝卜这种根茎类蔬菜拥有亮橙色的色素。胡萝卜素的分子结构几乎相当于两个视黄醛（维生素 A 的一种形式）色素分子的尾巴连在一起。视黄醛是视网膜中负责吸收光的分子，通过化学键附着在"视蛋白"上，这种蛋白质上有分子开关，被光激活后会触发一个神经信号送往脑的视皮层。动物获取视黄醛的方式主要靠在肠道中把所吃植物中的胡萝卜素"剪"成两半——都吃进来了，何必从头开始合成？（虽然有老话说从胡萝卜中大量摄入胡萝卜素可以明目，但此观念并无证据基础。）

第三类植物色素叫花青素，它吸收的主要是绿色光，也吸收一点点蓝色光，因此看起来呈红色。红苹果和玫瑰那种红中透粉的"玫瑰"色，就来自花青素。

秋天树叶开始枯萎时，叶子里的叶绿素分子分解得比类胡萝卜素和花青素更快。因此，叶子会先褪去绿色，露出原本绿油油的外表下隐藏的黄色、橙色和红色。很多叶子在秋天会主动产生花青素，据信这种色素可以减缓与叶子枯萎有关的有害化学过程，并帮助整株植物在没有叶子期间保持氮含量，这对植株在冬天和下一个生长季节保持健康非常重要。花青素能抗衰老是因为它们属于抗氧化剂，可以吸收有反应活性时的氧，防止它们破坏细胞内精密的膜结构。这类色素在人体内可能也有同样的功能，这就是为什么**摄入富含花青素的植物和浆果**，如蓝莓、草莓或红葡萄（甚至红葡萄酒！）**有可能延缓衰老**。这至少是个不错的想法，虽然有没有用还有争议，但葡萄酒爱好者肯定愿意相信。

植物色素对人类的用处不仅仅是作为营养补充剂。渴望颜色的我们，经常借用大自然的调色板：早期的织物染料通常就是从植物中提取而来的。可惜，有时候不能简单地把颜色直接从植物身上转移到布料上。我们不

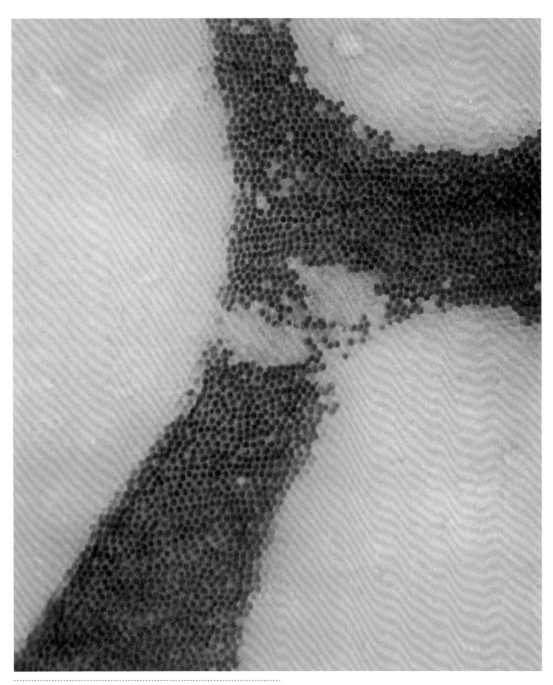

洋桔梗（草原龙胆）花瓣在氢氧化钠溶液中的颜色变化

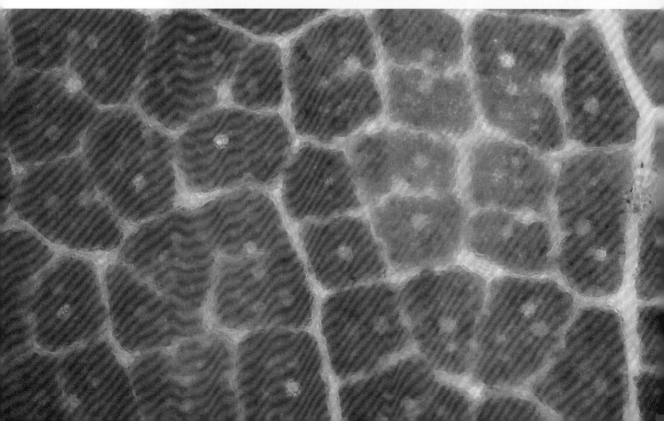

显微镜下变成红色、橙色、黄色的落叶

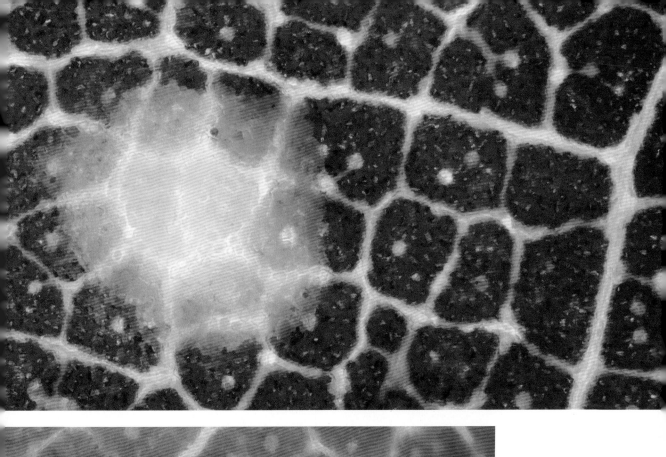
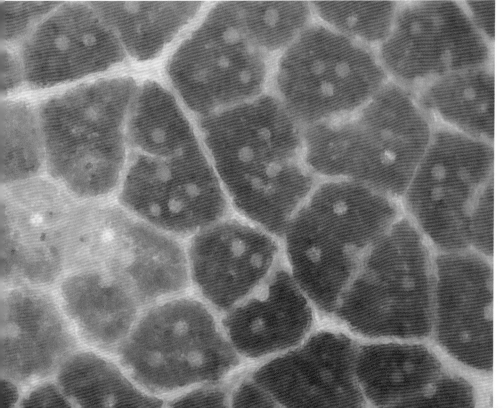

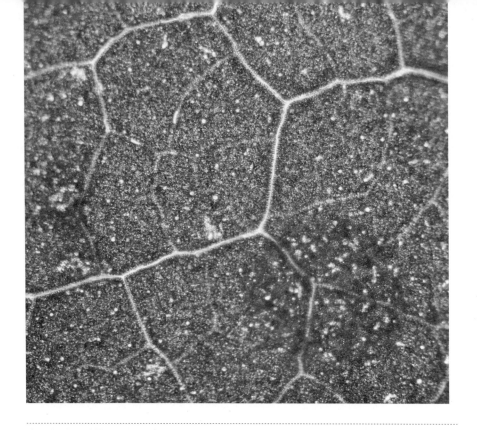

上：绿叶在稀盐酸下颜色的变化。左：反应早期；右：反应完成时的最终颜色
下：绿叶在漂白剂（会破坏叶绿素和其他色素）下的变色。左：初始状态；右：最终颜色

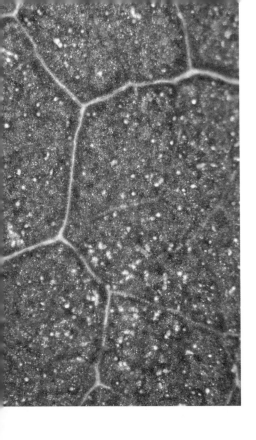

仅要能从生物体中完好地提取出色素分子，还要让它们能牢牢附着在织物纤维上，又不能破坏有时相当脆弱的色素分子。这些色素既然是"天然有机"的，是复杂的碳基分子，那么照例说就不会特别稳定，而是容易分解，尤其在强光环境下。你摔在草地上后，草里的叶绿素可能会在白衣服上留下麻烦的污渍，但草汁并不适合当绿色染料。

不过，确实也有一些植物色素很适合用作染料。从古代起就被使用的染料之一是靛蓝（indigo），它来自原产于热带地区，尤其是印度次大陆的木蓝属（indigofera）植物。（"靛蓝"的英语 indigo 与"印度"/India 确有词源关联，类似的还有"巴西"/Brazil 和产红色染料的巴西红木 /brazil wood。）靛蓝其实可以从好几种植物身上获得，另一种传统来源是原产自中亚，但全欧洲都长期种植的芸薹属植物：开黄花的"菘蓝"。罗马时代，居住在北不列颠的部落就用这种植物来文身，罗马入侵者给他们起名叫"皮克特人"（Picti 或 Pict），意思就是"绘画一族"，其拉丁语词根与英语的"图画"（picture）相同。

菘蓝作为染料一直被沿用到中世纪，

瓜叶菊在氢氧化钠溶液中变色
上：初始状态；
右：pH 值变化让花瓣变黄

但后来就被来自印度殖民的靛蓝替代，因为后者留色更久。法国城市尼姆的传统产业是用靛蓝染棉布，因此这种布料后来就被称为"尼姆哔叽布"（serge de Nîmes），简称"丹宁布"（denim，即如今常见的牛仔布）。

另一种流行的植物染料是茜草红，提取自茜草的根。这种染料中的色素叫"茜素"，其实是几种化学结构相似的分子的混合物。化学上细微的差异会造成色调的不同，具体某一批茜草红染料里几种分子的混合比例决定了染料是紫色、玫红色还是猩红色。茜草红和菘蓝一样，从古代就开始被使用，18—19世纪英国军队的红色制服就是用这种染料染色的。红色通常看作勇敢和军事的象征（也有一些可疑的证据说穿红色球衣的足球队平均来讲表现更好），虽然如今也有很多人认为这种颜色因为可以掩盖受伤产生的血迹而有助于提高士气。茜草是最好的染料之一，好的茜草染色的衣料经得起日光照射，多次清洗也不褪色，因此过去欧洲大量种植茜草，以支撑纺织行业。法国人把茜草叫garance（"有保证"之意），因为它保证了衣料上的颜色经久不褪。

紫红色的花在氢氧化钠溶液中变色

上 & 右：紫红色的花在氢氧化钠溶液中变色

有一种花的颜色也来自花青素，就是绣球花。绣球花深受园丁喜爱，因为它葡萄柚大小的花团层层堆积，色调不一，从粉色到蓝色和紫色，甚是华丽。不过，严格来讲，绣球花并不是真正的花：它们彩色的"花"其实是花序，也就是说它们并非由花瓣构成，而是由变形的萼片构成。绣球也有真花，不过它们藏在夺目的花序中间，很难被注意到。

绣球花的奇特之处在于，它们的颜色

变化并非来自色素的差异。它们的粉色和蓝色均来自同一种花青素分子，叫"飞燕草素"。颜色的不同来自植物所处环境的酸碱度在这种分子身上引起的微小改变。从这方面看，绣球花可说是某种天然的石蕊试纸，其颜色能指示酸碱度。当然，石蕊试液本身也是从植物（某种地衣）中提取的，是几种不同色素的混合，它们遇酸变红，遇碱变蓝。这种会变色的化学物质被称为"指示剂"，在实验室中非常好用。酸碱度用 pH 值来表示，pH 值低（低于 7）表示酸性，高（高于 7）表示碱性。柠檬汁的 pH 值约为 2，小苏打溶液的 pH 值约为 7。

绣球花的变色与石蕊相反，在酸性环境下呈蓝色，在碱性或中性环境下呈粉红色。通常来讲，这里的环境指的是花株生长的土壤：富含黏土的土壤天然呈碱性，而泥炭土壤呈酸性。不过，园丁也会改变局部的土壤酸碱度：有人会浇醋或柠檬汁（或者咖啡渣，虽然没那么有道理）来增加土壤酸性，好开出蓝色的花团。

不过，这里就有个问题了。从植物中提取的纯花青素也会随着酸碱度而变色，但其变色趋势和植物开花的颜色变化却正相反。在酸性环境下，花青素会变红（前面说过，它们会吸收蓝光），在中性环境下呈紫色，在碱性环境下则呈蓝色。为什么会相反呢？

这个问题困扰了植物学家和化学家几十年。1919 年，日本植物学家柴田桂太和柴田雄次（Keita and Yuji Shibata）兄弟提出，**产生花青素的植物，其蓝色并非花青素分子本身的颜色，而是金属离子附着在花青素上形成的化合物的颜色**。问题并没有就此解决，争议又持续了多年，1958 年，日本化学家林浩三（音，Kozo Hayashi）和同事从一种亚洲的鸭跖草（Commelina communis）中提取出了一种蓝色物质，命名为"鸭跖蓝素"（commelin），发现那是几种成分的混合物：不仅有花青素，还有一类名为黄酮的色素，以及镁离子。同时，德国化学家恩斯特·拜尔（Ernst Bayer）也报告，蓝色矢车菊的颜色会受铁离子和铝离子影响。

直到 20 世纪 90 年代，科学家才真正理解了这类颜色的起源。在某些花里，蓝色着色剂，如矢车菊里的鸭跖蓝素，实际上是复杂而美丽的分子簇，通常是花青素和黄酮成对环绕在金属离子的"头"周围，就像花瓣围绕着花蕊一样，可以说是分子

粉色绣球花的萼片在硝酸铝溶液中的颜色变化

尺度的花。在其他蓝色的花，如加州蓝铃花和牵牛花中，花青素会与其他分子基团（如糖类）相连，再两两层叠，就像三明治的两片面包那样。大自然的精巧与创意，也体现在了这些花朵色素的排列上。

其他几种蓝色花的色素分子与金属离子的排列就没这么优雅了，绣球花就在此列。绣球花中的飞燕草素会随着与其结合的铝离子的数量变化而改变颜色。土壤通常富含铝元素，它是多数常见矿物（如黏土）的关键组分。但这并不意味着植物能接触到铝离子。这是因为，在中性或碱性的土壤中，铝会与氢氧根离子结合成氢氧化铝，

这种物质相当难溶于水，因此很难通过水进入植物体内。

只有铝离子进入绣球花植株体内，萼片才会变成蓝色，其过程包含一些非常复杂的化学反应，至今仍未被完全理解。这就是为什么要让你的绣球花开出蓝色花团，最有效的办法是往土壤里加硫酸铝，这种物质可以成包购买。直接往萼片上喷洒含铝的溶液也有用，而且由于着色的速度依赖于含铝溶液扩散的速度，喷洒含铝溶液还能让同一植株产生鲜明的红蓝对比。不过喷洒溶液时也要小心，高浓度的铝会让绣球花死亡。

我们还能用其他办法改变绣球花的颜色。花萼颜色的浓度依赖于植株产生的色素量，而改变基因可以改变这一点。千百年来园艺学家采用的办法是选择性育种，而如今也可以采取基因工程手段。如果基因让植株完全不产生任何花青素，那开出来的花就是纯白的。研究者也发现，用含钼的化合物处理白色的绣球花，就会得到黄色的花团。

化学和基因手段可以把花的颜色改变到何种程度呢？在所有种类的花中，在这方面最受园艺学家重视的

莫过于玫瑰了。如今，买到各种颜色的玫瑰都很容易，从白色、黄色、桃红色、粉红色，到康乃馨红色，甚至"黑色"（其实是深褐红色）。但多年来花卉爱好者们一直盼望培育出蓝色玫瑰而不得——就是乔治·R.R.马丁所著的《权力的游戏》中雷加·坦格利安王子送给莱安娜·史塔克夫人的那种玫瑰。这些玫瑰只存在于虚构作品之中吗？

不再如此了。2004年，澳大利亚"花卉基因"（Florigene）生物科技公司和日本酿酒公司三得利合作，将绣球花中产生花青素的基因移植到了玫瑰身上。不过，由于研究者没能完全阻止植株产生玫瑰本身的玫红色色素，因此成品看起来更接近于薰衣草的淡紫色。2018年，中国研究者研发出了另一种蓝色玫瑰，他们往玫瑰花瓣里注射了经过基因工程处理的农杆菌菌株，给玫瑰引入了两个新基因，其中编码的酶，能把花瓣中一种常见的氨基酸转换成类似于靛蓝的色素。农杆菌只是一种方便的载体，两个负责制造色素的基因来自另一种细菌，但农杆菌非常适合把新基因转移到植物DNA中。它们进入白玫瑰之后，就有一股蓝色从注射处向外蔓延，虽然分布不

均且很快就会褪色。研究者下一步打算研发自身就含有蓝色色素基因的玫瑰。

　　花卉基因和三得利公司还通过基因改造制造出了其他颜色罕见的花朵。天然康乃馨可能有白色、黄色和红色，但没有蓝色的。但 2003 年，他们把来自矮牵牛花（碧冬茄）的花青素基因转到了康乃馨身上，造出了紫色的康乃馨。

　　为什么我们要如此努力地改变花卉世界的色板？有些人对转基因植物走上餐桌可能心怀恐惧，但要知道，如今，不管是食用植物，还是单纯观赏用的植物，其基

左 & 上：蓝色绣球花萼片的漂白过程

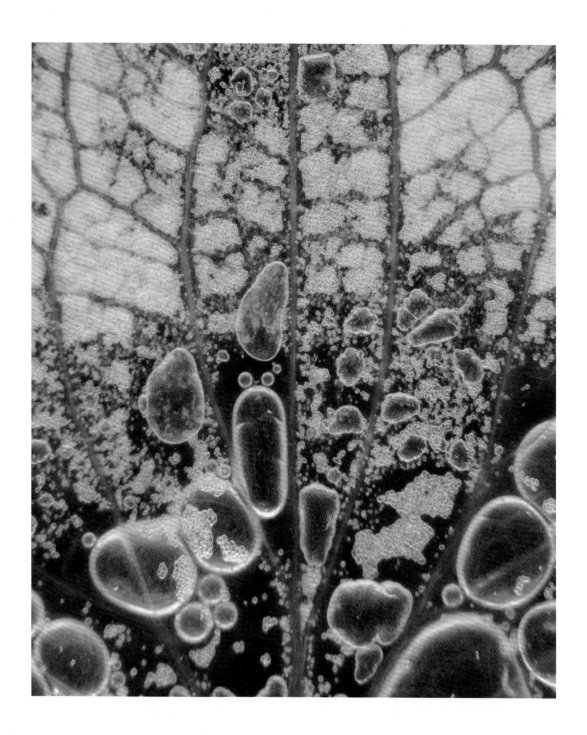

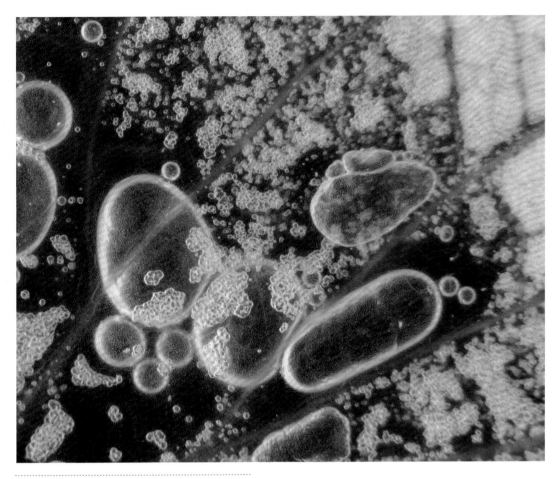

左 & 上：显微镜下经漂白处理的蓝色绣球花花萼

因都是经过长时间的选育和杂交产生的。而且，大自然本身也给基因赋予了改变的机制：植物天然就能交换基因，农杆菌在自然过程下也会把新基因带到植物身上。这类基因交换对植物的演化有重要意义。

此外，演化也让植物从寥寥几个主题出发，饶有兴致地大量修饰了产生色素的**基因**。**自然本身就是比我们人类更大胆、更具创新精神的化学家**，又怎么会介意我们自己来点儿小创意呢！

延伸阅读：

Ball, P. *Bright Earth: Art and the Invention of Color*. Chicago: University of Chicago Press, 2003.

Katsumoto, Y., et al. "Engineering of the rose flavonoid biosynthetic pathway successfully generated blue-hued flowers accumulating delphinidin." *Plant and Cell Physiology* 48, 1589–1600 (2007).

Lee, D. *Nature's Palette: The Science of Plant Color*. Chicago: University of Chicago Press, 2007.

Nanjaraj Urs, A. N., et al. "Cloning and expression of a nonribosomal peptide synthetase to generate blue rose." *ACS Synthetic Biology* 8, 1698–1704 (2019).

Schreiber, H. "Curious chemistry guides hydrangea colors." *American Scientist* 102, 444 (2014).

Schreiber, H. D., C. M. Lariviere, and R. P. Hodges. "Developing hydrangea with yellow blooms by chemical manipulation." *Cut Flower Quarterly* 24(4), 18–20 (2012).

Schreiber, H. D., et al. "Role of aluminum in red-to-blue color changes in Hydrangea macrophylla sepals." *BioMetals* 24, 1005–1015 (2011).

Yoshida, K., M. Mori, and T. Kondo. "Blue flower color development by anthocyanins: from chemical structure to cell physiology." *Natural Product Reports* 26, 884–915 (2009).

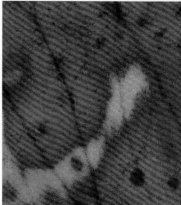
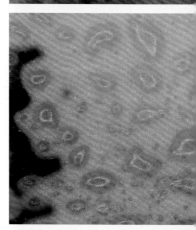
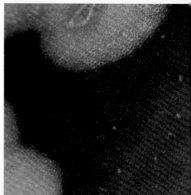

多种花瓣与氢氧化钠反应出现的颜色变化

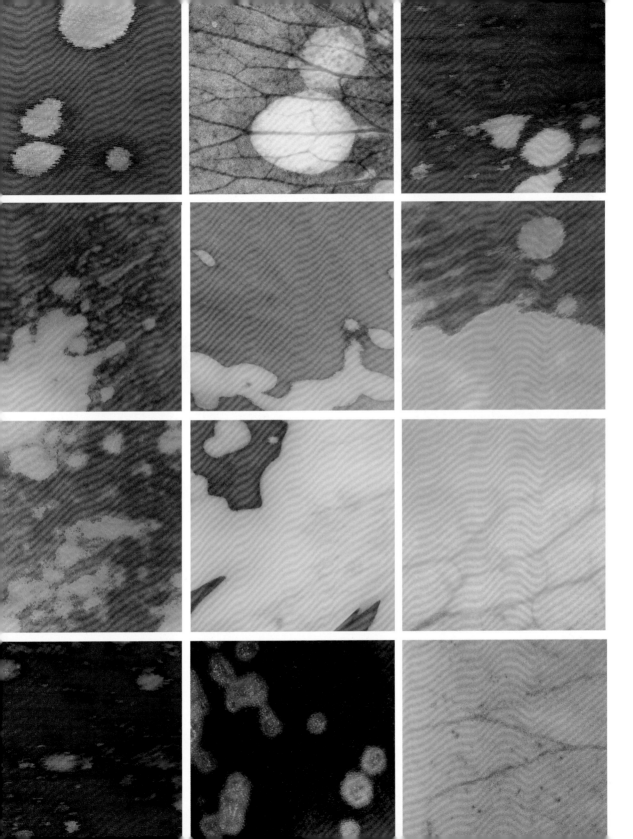

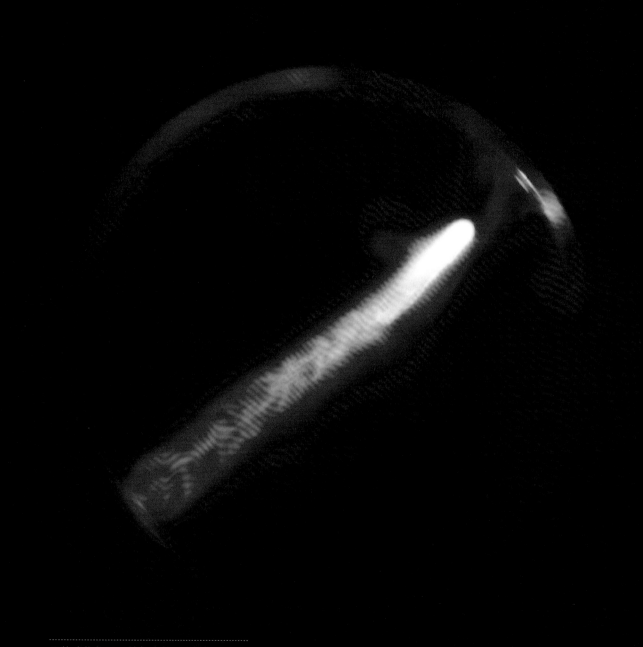

用热成像仪记录钠与水的反应过程中产生的热。图像中记录下的最高温度（白色）为 160℃，最低温度（黑色）为 28℃。

第八章

升温：热的作用

将一滴浓硫酸滴入水中后的温度变化。最高温度（白色）为104℃

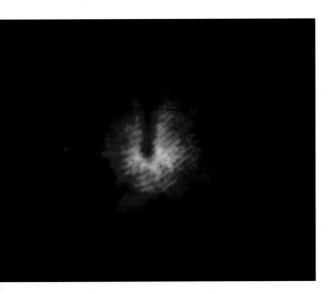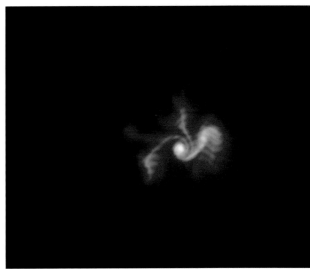

将一滴浓硫酸滴入水中后的温度变化

我们所见的现实，只是全部现实的一份小小切片，小到我们能在这世界上勉力生存下去堪称奇迹。

但在日常生活中，人很容易忘记这一点。我们倾向于认为，世界上的一切我们都能看见，看得很全很透（除非烟雾或灰尘遮挡了视线，或者视力出了问题）。然而，人眼能注意到的光只是对世界的一孔之见。宇宙里充斥着人眼分辨不出的"光"，因为它们的波长落在人的可见光范围之外，就像有些频率太高或太低的声音人耳也听不到一样：宛如莫扎特的"朱庇特"交响

曲正在演奏，而我们只听得到一个中央 C。这体验该有多局限、多惨啊。

这里就有一个例子来说明我们错过了什么。想象我们接了一小杯水，然后往里面滴了一滴浓硫酸，两种液体都是无色透明的。我们能看到什么呢？什么都没有，滴进去的浓硫酸就像又滴了一滴水一样，液滴撞向水面并融合，激起一小圈涟漪播散开去，然后就没有了。

但如果用能看到人眼看不到的光——温热物体发出的红外辐射——的热成像仪来观察，会怎么样呢？这么一来，浓硫酸

尿素颗粒

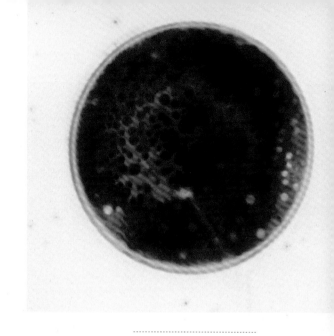

尿素颗粒溶于水的热成像

滴入水中的过程登时就会展现出奇观与美。酸遇水的一瞬间，就开出了一朵"花"，迸发出的"不可见光"能让人想起太阳表面喷出的火焰流，或是黑暗的宇宙中陡然出现一片明亮的星系。有某种我们之前看不到的事情正在发生。一团热量爆发出来，卷在两种液体混合所产生的漩涡中，就像我们滴入了一滴会发热的墨水。这就是化学反应过程中我们此前没看到过的特色。

这种代表有热产生的"不可见光"到底是什么呢？再回想一下交响乐团那个比喻。整个乐团奏出莫扎特笔下源源不断的旋律与和声，编码在一片神奇的声波织体里。我们可以把这些振动看作不同频率（即不同波长）的简单波动的混合。纯音（可以粗略理解成单个音符）有其特定的波长，对应于相邻波峰之间的特定距离。波长越短，音高越高。

光也和声音一样，是一种振动。声音是空气中的振动，而光的振动则更为抽象。前面说过，光是一种电磁波，即电场和磁场的波动，电场和磁场交替带动对方振动，一起在空间中传播。声音不能穿过外层空间的真空，因为没有空气来振动；但光波可以穿过真空，因为组成它的电场和磁场本身就是振动介质，能引导光跨越宇宙空间。恒星这些大熔炉产生的光可以以30万千米每秒的速度穿行于宇宙。但就算速度如此之快，它到达地球上的望远镜时，距离它从恒星表面出发的时刻也可能已

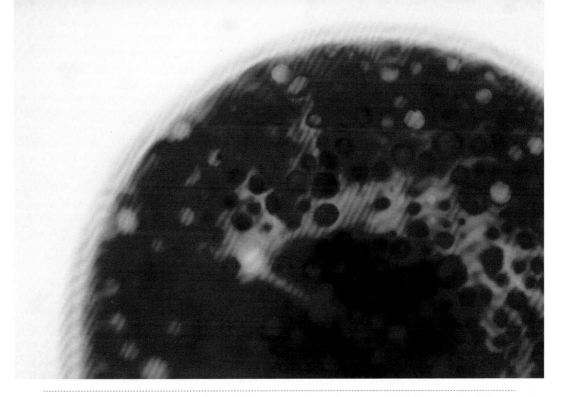

尿素颗粒在水中的溶解过程：热成像仪捕捉到了溶解时吸收的热，最低温度 22℃，最高温度 33℃

经过了几千年。可以说，我们看到的恒星，其实是古埃及人建造金字塔时它的样子。

太阳当然也是一颗恒星，而我们的眼睛已经适应了太阳光，对阳光最强的波段辨别力最强。这一适应在演化上很有意义，因为这一波段的阳光在我们的环境中播撒最多，能最大限度向我们传达周遭信息。假如人眼能看见的不是"可见光"，而是波长短得多的 X 射线，那我们就很难在地球上感知光亮，因为这个波段的阳光光强很低。（当然人眼也不可能演化得能看到 X 射

线，因为 X 射线能量太高了，会破坏分子。）

但可见光的波长都很短，波长范围只有 770—430 纳米。770 纳米对应的是红光，430 纳米对应紫光，中间则是黄、绿、蓝等彩虹上的其他颜色。这些波长的光所包含的能量，通常正好能让分子或原子中的电子从一个能态跃至另一个能态。原子和分子中的电子只能处在能量为特定值的一系列"容许能态"上，可以想象成梯子上的一级一级，它们只能从一级跳到另一级上。不同原子和分子的梯级高度不同，因

无水硫酸铜与水反应产生水合硫酸铜，同时放热

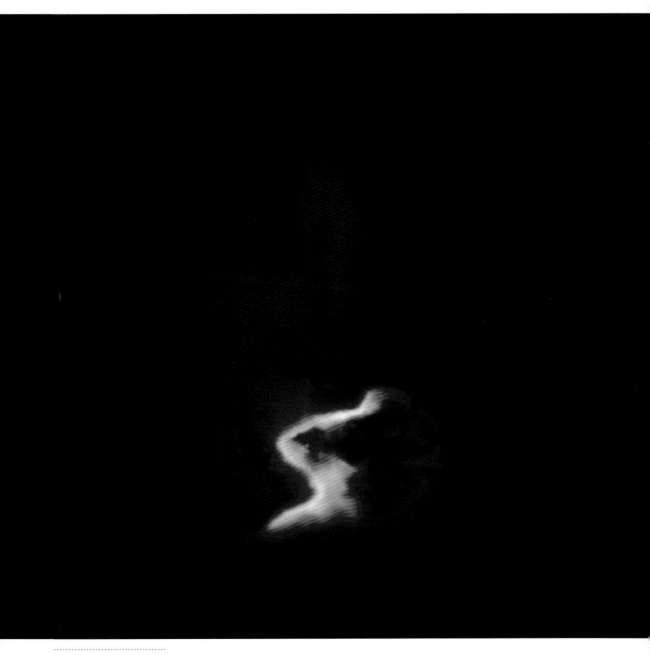

热成像仪下的左侧反应

此物质吸收的太阳光颜色能反映它们含有哪些原子（或原子团）。

例如，包含铜原子的化合物通常会吸收红光，也就是说铜原子的电子会被该波长的光激发，从一个能态跳到另一个能态，因此这些化合物通常会反射蓝光和绿光，看起来呈蓝绿色，例如蓝色的硫酸铜，企鹅出版社旧书封面使用的酞菁蓝染料，以及绿松石的铜绿色。

波长比红色光长一些的光叫红外线，比紫色光短一些的光叫紫外线。人类的视觉系统捕捉不到这类辐射，但有些动物的眼睛可以。蜜蜂和其他一些昆虫可以看到紫外波段的光。有些花包含可以吸收紫外线的色素分子，因此它们在蜜蜂眼中的颜色与在人类眼中截然不同：例如，一朵花的花瓣在我们看来可能完全是黄色，但在蜜蜂眼中可能有驳杂的色块。这或许可以帮助蜜蜂找到最好的花蜜源。

整个电磁波谱的波长范围比可见光、红外线和紫外线宽得多。紫外线的波长可以短到 10 纳米，再往下就是 X 射线，波长低于 0.01 纳米的则是伽马射线。前面说过，太阳发出的光只包含很少的 X 射线，但很多天体，如白矮星和中子星，则是明亮的 X 射线源。因此，为观测这些天体，天文学家建造了 X 射线望远镜，用以看到只凭可见光分辨不出的景象，揭示隐藏的宇宙。

而在可见光的另一端，波长大于 1 毫米的光叫微波，大于几十厘米的则叫无线电波（也称射电波）。无线电波的波长可以长到几百千米，而且其实没有上限。用射电望远镜在这个波段观测宇宙是天文学中一个硕果累累的领域，展示出了较为"温暖"的巨大气体云，而用可见光波段的望远镜看，这些地方只是黑暗的虚空而已。这些气体云正是新的恒星和行星的诞生之地。

热成像仪能给热成像。更精确地说，它探测的是温热物体发出的红外辐射。我们看不见红外线，但可以感受到它们。如果打开管式电暖器或电炉灶，在它开始发红光之前，你就能感受到它在变热。电热器发出的光就是被加热的原子振动而激发出的电磁波。物体温度越高，发出热辐射的波长越短：先是红色，然后白色（在整个可见光波段强烈发光的物体就会呈白色，如太阳），如果温度还要再高，发出的光就会带一丝蓝色。温热物体发出的红外线与这种红光或白光本质上

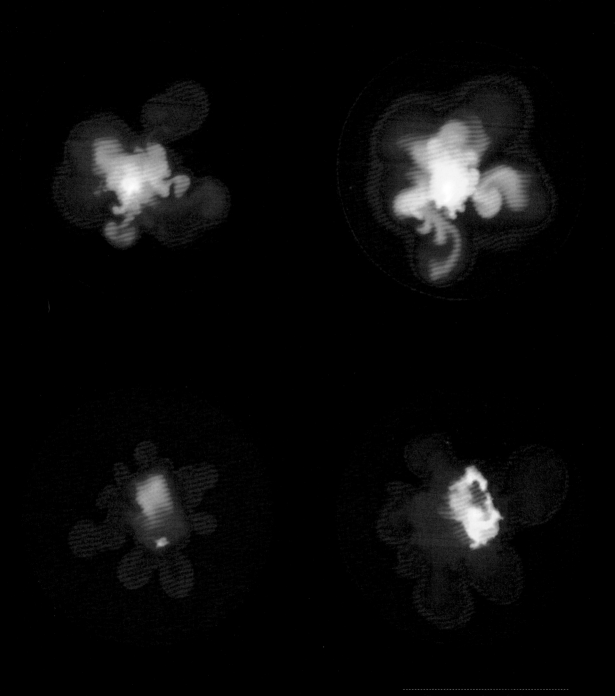

热成像仪下氢氧化钠溶于水的过程

没有区别，只是波长稍长，人眼看不到。

热成像仪包含一种能吸收红外辐射并将此能量转化为电流的材料。这种吸收材料一般是类似于硅的半导体，包括锑化铟和碲镉汞等化合物。红外辐射越强，产生的电流也越强。成像仪会把不同位置的电流变化转换并显示到屏幕上，形成我们能看到的图像，越亮代表越热。有些热成像仪会使用这样一种颜色对应系统：绿色和蓝色表示温度较低的区域，红色和黄色表示温度更高的区域（这跟大自然的情况刚好相反，自然中发蓝热光的物体要比发红热光的更热；不过这符合我们对"冷色"和"暖色"的直觉）。

热成像仪会用于夜视场景，如监控和军事行动。人类在热成像仪中会呈现为明亮、温暖的物体，区别于黑暗、低温的背景。有些动物可以以类似的方式感知红外辐射（热），这种能力叫"热感知"。它们使用热感知的目的也类似：在黑暗中看到并捕捉猎物。有些蛇用这种方法捕猎，吸血蝙蝠也是用热感受器找到有温热血流的动物部位从而吸血的。

因此，我们可以通过热成像来揭示肉眼看不到的化学反应的细节：反应产生的热。前面我把浓硫酸滴入水中的热成像比作星系的漩涡，不仅是出于外表的相似。通过另一种波长来观测宇宙，确实能让我

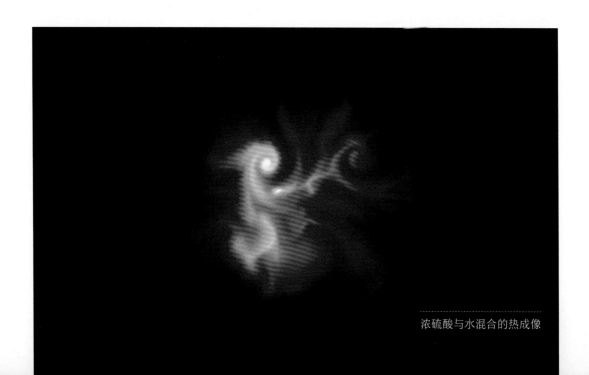

浓硫酸与水混合的热成像

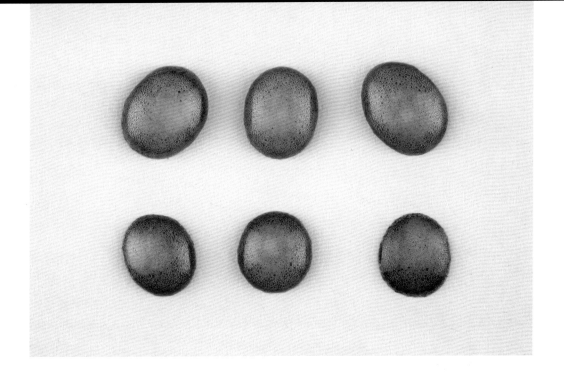

上：浓硫酸与纸（纤维素）的反应

下：热成像仪下浓硫酸与纸的反应，图中最低温度 28℃，最高温度 70℃

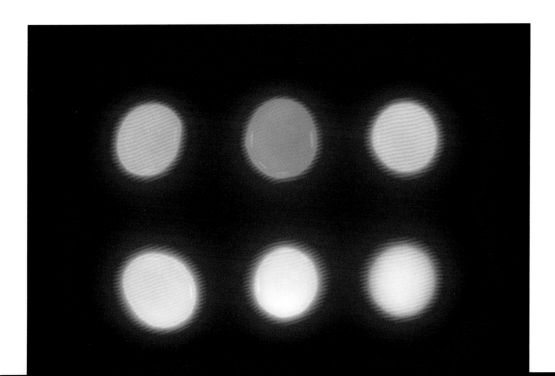

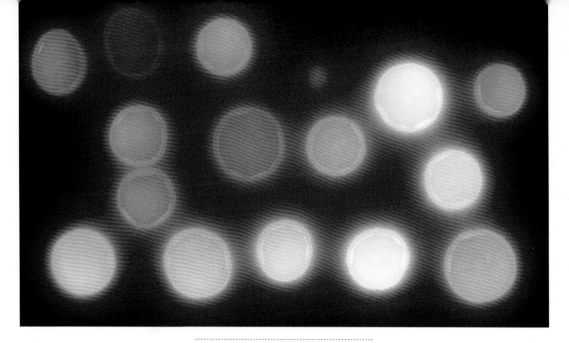

浓硫酸与纸（纤维素）反应的热成像

们看到此前完全意想不到的结构。

但我们现在又有新的问题要解释了。把已经溶于水（虽然只有一点点水）的浓硫酸加到更多的水里，它们原本都是室温下的液体，但混合起来却产生了热。这是怎么回事？这些热能是哪儿来的？

前面我们已经看到，化学反应可能产热。燃烧就会产热，不管是烛光摇曳的小小火苗，还是火箭燃料或炸药的凶猛爆燃。我们看到，在燃烧过程中，原子重组成新的排列，放出了此前的化学键中包含的能量，变成更稳定的状态。

在肉眼看上去波澜不惊的反应中，可能也发生着同样的事情。考虑另两种看似平平无奇的无色液体的混合反应：氢氧化钠（一种碱）溶液和稀盐酸。这就是经典的"酸碱中和"反应，一种酸和一种碱互相"抵消"，产物是一种既不带酸性也不带碱性的中性盐溶液（设酸、碱的量刚好平衡）。该反应可以写成如下方程式：

$$NaOH + HCl \rightarrow NaCl + H_2O$$

碱　　酸　　盐　　水

这个式子看似简单，却隐藏着大量复杂的信息。所有反应物和生成物都溶解在水中，意味着（比方说）钠原子并没有和

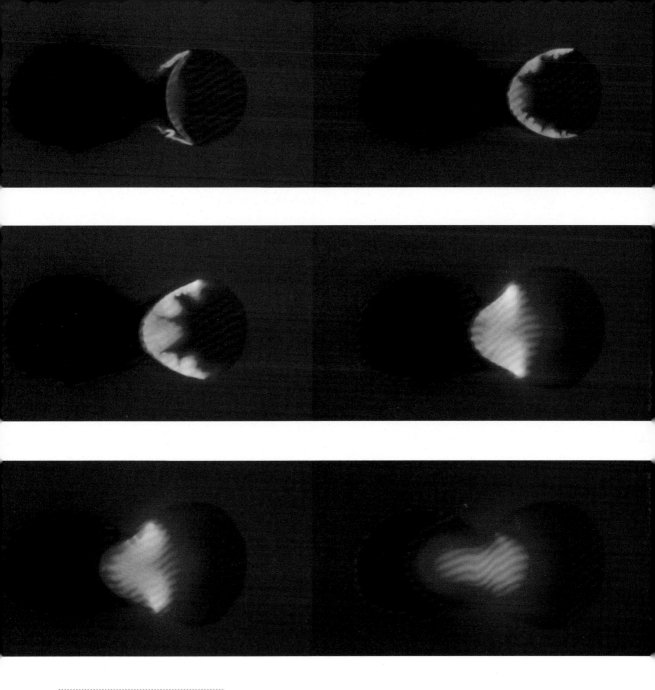

氢氧化钠和盐酸反应过程的热成像

氢氧根（OH）或氯原子以化学键结合，而是都以带电原子（离子）的形式被水包围。而且，这些钠离子、氢氧根离子、氯离子在水中都会吸引水分子带相反电荷的那一头，形成一种"壳层"，屏蔽离子产生的电场，以使自身更稳定。

这样的话，钠离子从方程式的左边到右边，真有什么变化吗？盐酸中的氢又怎么样呢？这里的氢也是离子，带一个正电荷，简直就是一个孤零零的质子；但和纯质子不同，氢离子在水中通常倾向于以各种复杂的方式"粘"在水分子上。

因此，当这两种溶液混到一起时，分子尺度上发生的事就很微妙，难以描述——比中学生学的酸碱中和复杂得多。但结果总归是，方程式左边的总能量比右边要高。反应释放了能量，两种溶液混合并发生反应后，温度升高了。

可是，浓硫酸加入水中为什么也会产热呢？乍一看，这个过程根本就没有发生

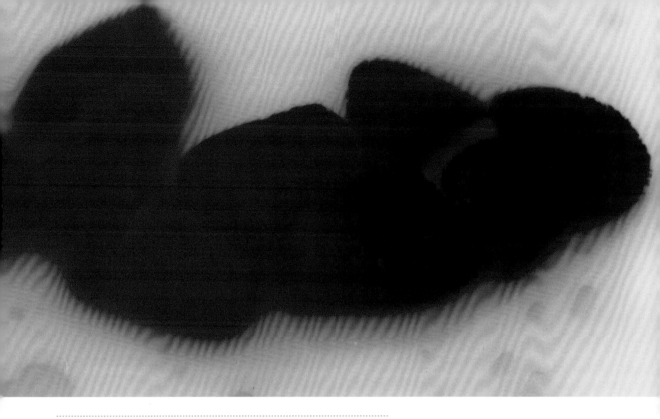

左侧情形在热成像仪下的景象。图中最低温度 -15℃，最高温度 33℃

化学反应，只是把浓硫酸稀释了而已啊！但这一表象之下也在发生着隐藏的变化。在浓硫酸中，原子可能形成了整个硫酸分子 H_2SO_4，而滴到水中，硫酸分子就开始分解，形成一个氢离子（所有的酸都有的共同成分）和一个硫酸氢根离子 HSO_4^-，后者又会进一步分解，形成又一个氢离子和一个硫酸根离子 SO_4^{2-}。因此，化学键断裂了，但离子之间以及离子与周围的水分子之间也发生了补偿性的反应。这些分子尺度的变化同样有精微复杂的能量损益平衡，最后的净值是溶液中增加了能量，于是变暖。

浓硫酸稀释放热的程度还不止于此。把高浓度的硫酸加到水里可能让水温高到足以沸腾，四处喷溅，非常危险。因此，稀释浓硫酸时必须非常小心：应该把少量浓硫酸加到大量的水里，千万不能反过来。

这些原子的组合与分离遵循的原则是，要带来最大的"净稳定

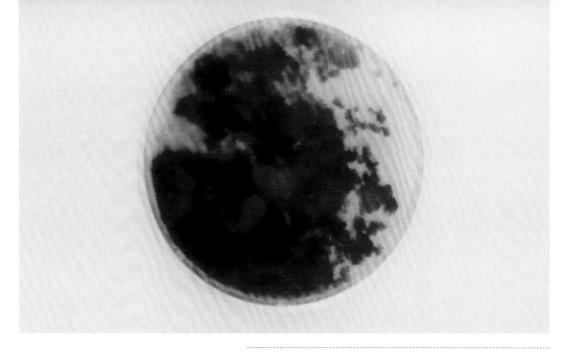

八水氢氧化钡与氯化铵的吸热反应的热成像，最低温度为 -2℃

性"，也就是化学能下降，其"余款"以热的形式放出：这听起来就跟雨水落到地上最终都会填进坑洼沟壑没有本质区别。

但别这么快卜结论。因为，在化学反应中，并不一定是化学键中含有的总能量降到最低，产物的能量比反应物更低。有些反应并不产热，而是"产冷"，也就是说它们会从周围吸热，让温度下降，产物所含能量反而比反应物更高。这种反应叫"吸热"反应，区别于"放热"反应。

例如，把氯化铵和氢氧化钡这两种白色粉末混合到一起，会让两种物质的离子发生交换，形成氯化钡和氢氧化铵，后者中的一部分会分解成氨气（有刺激性气味！）和水。此反应会让温度下降到足以令水结冰，可低至零下 20℃左右。

这个反应过程中发生了什么？化学反应并不只是要找到能降低总能量的原子构象，决定其进行方向的还有另一个因素，叫"熵"。粗略来讲，系统的熵反映了该系统中原子的无序程度。固体中的原子都规律地堆积在一起，而气体中的原子或分子则胡乱地四处游荡，因此固体的熵低于气体；液体的熵则在两者之间。严格点来讲，

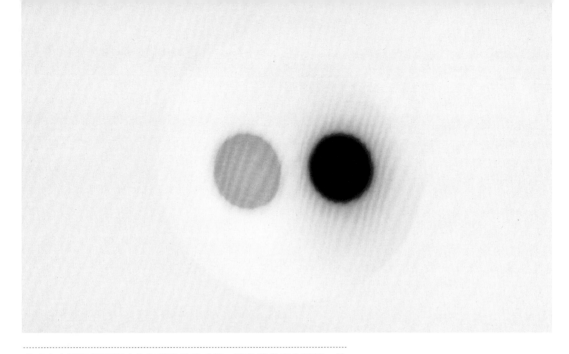

水（左）和乙酸乙酯（右）蒸发的热成像。液体蒸发时会吸热，让温度降低；乙酸乙酯挥发性更强，蒸发比水快，所以降温幅度更大

系统的熵衡量的是，实质上无区别的系统组成粒子，可以形成多少种不同的组态。气体中的原子或分子可以采取的随机无序排列，数量比排列规律的固体多得多，因此气体的熵更高。

能提高系统的熵的化学反应更受青睐。换句话说，能量和熵这两个因素要平衡起来综合考虑。降低能量（术语叫"焓"）当然很好，但增加熵也很好。因此，如果一个反应可以大幅增加熵，那稍微提高一点能量（即从环境中吸一点热）也可以接受。你可以理解成你有两个银行账户可以提取资金，但两个账户的总额度是一定的。你可以透支一个账户的额度，只要另一个账户可以弥补。

吸热反应之所以能进行，是因为它们增加的熵可以弥补能量的增加。把固体氢氧化钡和固体氯化铵混合起来，可以产生另一种固体、一种液体（水）和一种气体（氨气），增加的熵足以对偿能量（焓）的增加，因此反应物可以从周围环境中"借"一些热。焓和熵可以结合起来形成一个新的量度，叫"自由能"，它能告诉你从一个化学反应中可以提取出多少有用功，这个问题

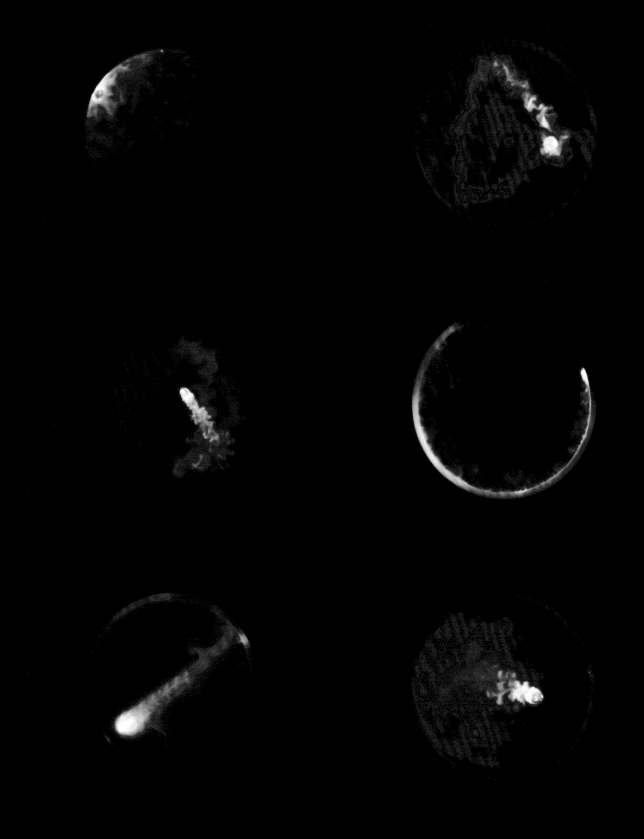

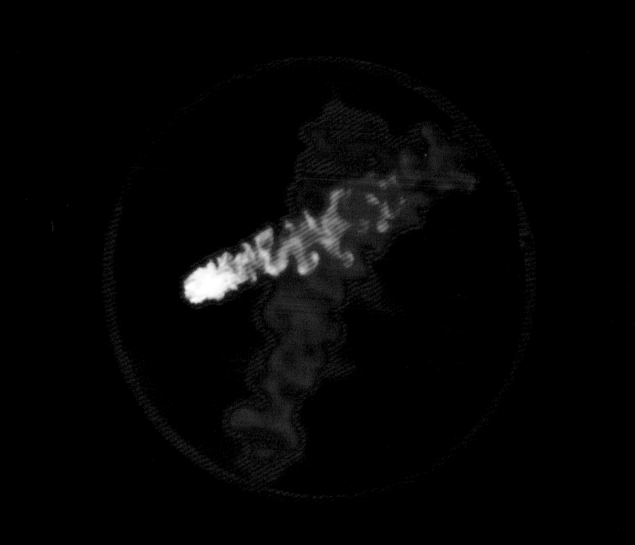

钠与水反应的热成像

对工程师来说尤其重要。

　　熵增在低温下比高温下更为重要。如果环境温度已经很高，熵一开始就很高了，因此反应的熵增相比之下不那么显著。所以，决定一项反应往哪个方向进行的熵变与焓变的平衡，与其发生时的温度有关。

　　能量与熵的计算，是我们在第五章讨论燃烧时提到的热力学的另一方面。热力学是化学中的首席仲裁官，它决定了某种化学过程在理论上能否发生。如果你想知道"理论上能否用某些初始成分合成某分子或某化合物"，热力学可以告诉你答案。

　　而关于具体如何实现这一反应，热力学就不能回答了。当然，在尝试实现一项反应之前，先搞清楚在理论上有没有实现的可能，也很重要，但化学的大部分技艺都在那个"如何"上。我如何能把这种分子放在一起，让这堆原子组合成我想要的结构和构象？挑战很诱人，有时也令人抓狂，而答案经常非常巧妙、优雅又有格调。这就是化学合成的意义，它是化学艺术的支点，是化学这门创意学科的典范。

延伸阅读：

Atkins, P. W. *What Is Chemistry?* Oxford: Oxford University Press, 2013.

Newman, E. A., and P. H. Hartline. "The infrared vision of snakes." *Scientific American* March, 116–127 (1982).

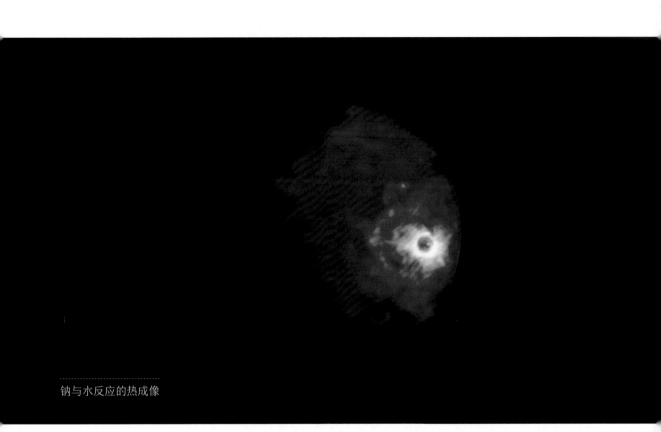

钠与水反应的热成像

小苏打（碳酸氢钠）和醋（乙酸）的吸热反应的热成像

上述反应在可见光下在人眼中呈现的样貌

一件很有意思的事情是，随着时间的推移，化学对人的吸引力也从宏观演变到了微观。在奥利弗·萨克斯（Oliver Sacks）和普里莫·莱维年轻时，化学吸引他们的是臭味、巨响、晶体和颜色，当然其中也有危险——不管是小孩在后院用拙劣的手法混合出能爆炸的火药，还是如今互联网上兜售的某些疗法在人的体内形成的漂白剂。曾经，化学引人共鸣、创造美感的地方是它带来的转变：变化是其本质要素，它总是很有趣，有时也很可怕。

　　而如今，我觉得大多数化学家，包括我在内，对分子之美的欣赏主要在其微观方面：在 X 射线晶体学已经揭示出的约百万种分子的形状和参数中。

　　但我希望不止于此。我希望在微观和宏观之间能建立起多感官的通路。创新性的图示和虚拟现实或许能提供助力：可以用动画温度计呈现能量的变化，甚至把它"拿"在手中；可以把分子式加上电子轨道图像和电子跃迁图像，呈现在你面前；对于分子的碰撞，以及反应中能量和熵的变化，都可以动态地追踪其结果；等等。这些都会实现，还比我们想象得更快。

罗阿尔德·霍夫曼（Roald Hoffman）

1981 年诺贝尔化学奖得主

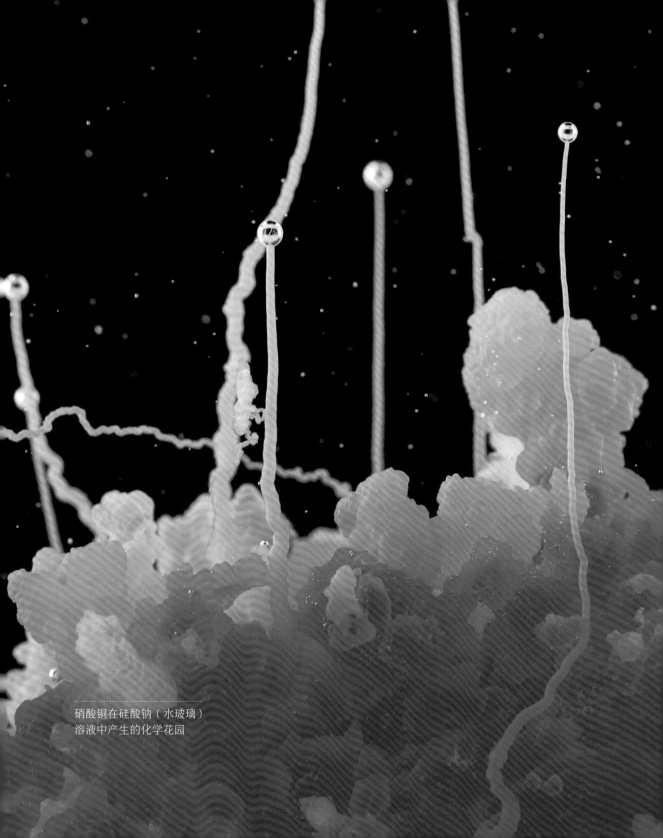

硝酸铜在硅酸钠（水玻璃）
溶液中产生的化学花园

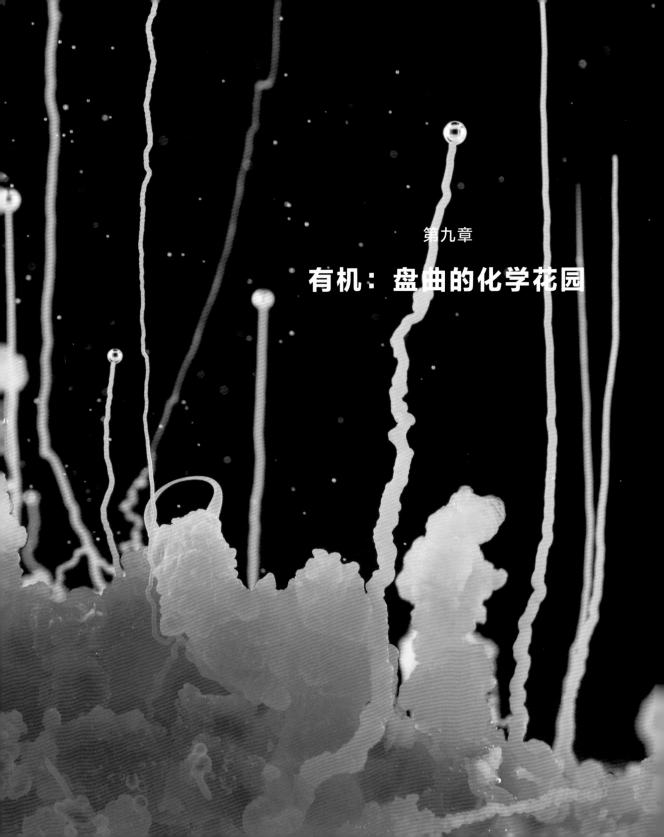

第九章

有机：盘曲的化学花园

硝酸铜在硅酸钠溶液中
产生的化学花园

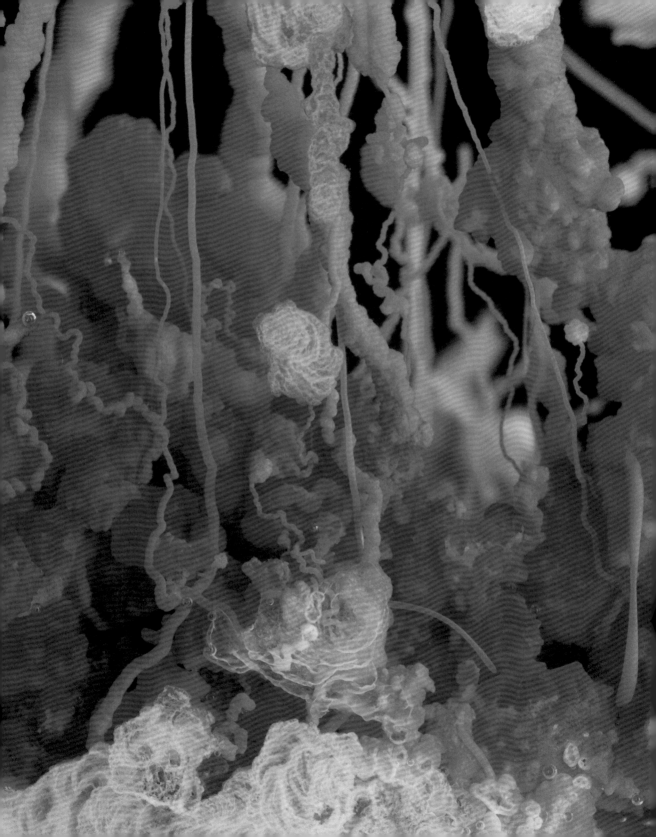

有人说，化学是物理学和生物学的中间地带，把无生命物质（晶体、岩石）与生命（细胞、血肉）联系了起来。毕竟无论是否有生命，都由原子按化学成键的规则连接而成。

确实如此。不过，处于中间地带可能给化学带来这样一种尴尬：既缺乏数学的精准和物理学的对称，也没有生物丰沛的活力。

但实际上，化学两者都有！它不仅是其他科学门类的中介桥梁，也有自己的规则和审美。化学以物理学为基础，又为生物学提供基础，但它也有自己的生命。

如果想看看化学的活力在何处，不妨看看前两页的"化学花园"。这些生长的"球茎"就像某种有机生命正在萌发——显微镜下的酵母和真菌孢子就有点像这样。如果在陨石上看到这种结构，你可能会猜想这块石头来自太空中某个生命栖居之所。

但这些神奇的结构完全来自无机化学过程，没有任何生物有机体的参与。我们直觉上认为，生物总是不规则生长、产生分枝，无机过程则总是对称的，有锐利的边缘，但这些图片告诉我们，我们的直觉可能错了！

真的错了吗？晶体花园可不仅是模仿生命形态的化学反应。有研究者认为，这些反应，或类似的反应，可能正展示了地球上的生命是如何起源的：在40亿年前的年轻地球上，简单的化学物质如何演生出了生命。

大约4个世纪前，化学作为一门科学还处在婴儿时期，自然哲学家们只能通过对结构与形式的直觉来尝试解释塑造世界的各种力量。因此，他们在发现化学花园时，对其应该被看作动物、植物还是矿物采取了相当随意的态度。

对如何制造化学花园的首个详细描述出现在1646年德意志-荷兰化学家约翰·格劳贝尔（Johann Claube）出版的一本书中。和当时很多其他化学家一样，他研究的内容比较实际，通过生产有用的物质（如药物）及研究有商业意义的化学过程（如酿酒）来谋生。在书中，格劳贝尔描述了如何让以铁为例的金属"长得像树一样，有

硝酸铜形成的化学花园

树干和粗细枝丫"。这个反应需要一种被格劳贝尔称为"燧石浆"（Kieselsaft）的液体，如今我们认为这是一种硅酸盐溶液，而硅酸盐是石头的关键组分。石头通常不溶于水，但把石英（沙子）这样的矿物与强碱一起熬煮就能得到硅酸盐。格劳贝尔把熔化的沙子和钾碱一起放入坩埚，并不断研磨，产物暴露在湿润的空气中就形成了一种黏稠的液体，后来被称为"水玻璃"——因为它确实很像液态的玻璃：那是硅酸根离子连成了聚合物一般的长链。

如果把水玻璃加到金属（如铁）溶解在强酸中形成的盐溶液里，化学花园就会开始生长。格劳贝尔写道："这个过程赏心悦目，生长很迅速，在一个半小时或者最多两个小时内，整个水玻璃中就会布满小小的铁树。"这些树状结构呈典型的铁化合物的红褐色。如果用的是铜而非铁，长出来的树就是孔雀石的绿色。铅和锡会形成白色的树，银和钴形成蓝色的树，而金（如果你负担得起）则形成黄色的树。把几种不同金属的化合物混合在一瓶水玻璃里，你就能造出五颜六色的化学花园：斑斓的幼芽、球茎和枝杈，宛如仙境。

也难怪在格劳贝尔之后，那么多化学家都为这种现象着迷。艾萨克·牛顿也对化学很感兴趣（当时他视这门学科为炼金术），他在一份手稿中写道，他认为自己在化学花园现象中见到了"金属植被"，他觉得这种金属产生看似有机、相互纠缠的分枝的过程，就跟植物和动物的生长一样，受某种掌管整个自然的"形成之能"的驱动。

你可能会回想起第四章中提到的开普勒用来解释雪花的神秘主义思想。但认为化学花园与生命相关的想法此后并未消失，反倒愈加强烈。19世纪中叶，德意志化学家莫里茨·特劳贝（Moritz Traube）也沉迷于这些美丽的结构，并认为它们与生物细胞有关（生物学家直到19世纪初才开始猜测所有生物都由细胞组成）。

诚然，这些分枝结构比细胞大得多，形状也不一样，但相似之处在于，两种结构都是空心的，且内外由一层柔软的薄膜隔开，这层膜可以让水和水中溶解的物质通过。细胞膜的渗透性对细胞至关重要，因为渗透是化学物质进出细胞的方式之一。果干泡在水中会膨胀，这就是渗透作用的结果：水渗入水果的细胞中，把细胞"撑"大了，就像装了水的气球那样。

化学花园中长出的"树"是一种硅酸

上：硫酸铜
下：氯化铜

硫酸锌

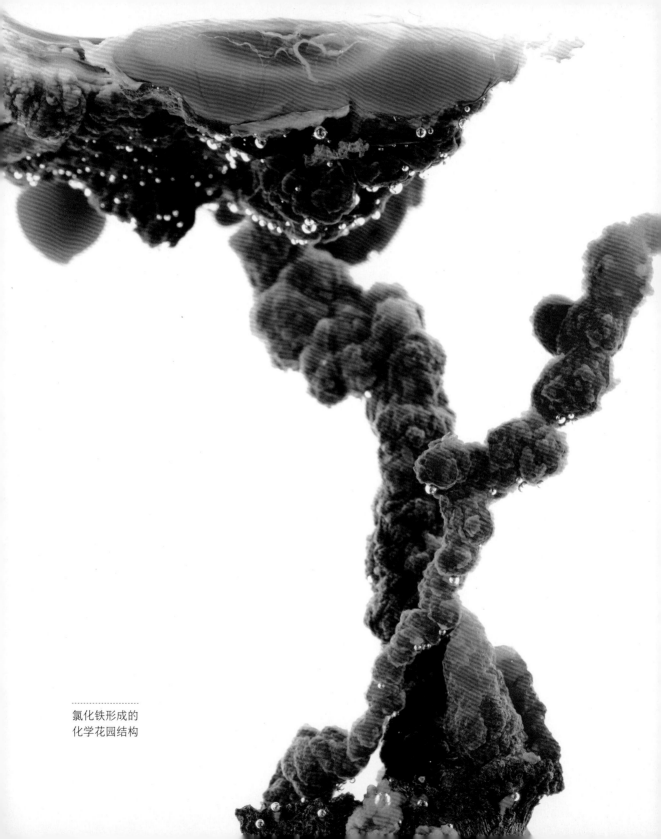

氯化铁形成的
化学花园结构

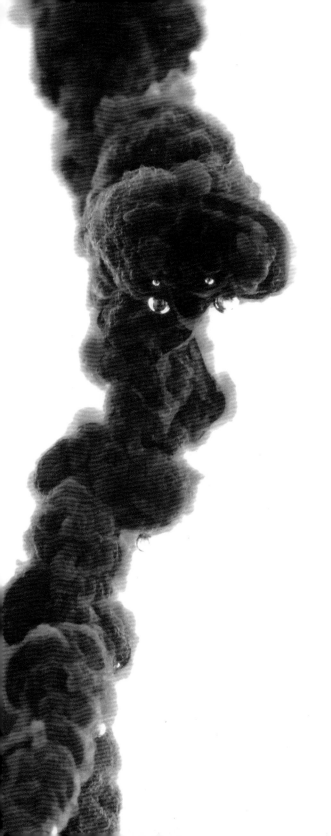

盐材料的管道，由水玻璃溶液中的硅酸根离子相连接，并受金属离子染色而形成。其结构与细胞的脂质膜大相径庭，但跟细胞膜一样纤薄、柔软、可渗透、能生长。这种硅酸盐膜会萌发、绽放，形成不规则的分枝结构，让人联想到五颜六色的花圃、真菌和珊瑚。20世纪初，法国生物学家斯特凡纳·勒迪克（Stéphane Leduc）就惊叹于这些溶解的岩石、金属盐等断然无生的成分竟可以像动植物那样生长。托马斯·曼也见证过化学花园的美（这又一次展示了他对科学的感受力），并在他著名的小说《浮士德博士》（1947）中以欢快的笔触写道：

> 我永远不会忘记这一幕。它呈现在一个结晶容器里，该容器装入3/4轻度黏滑的水，也就是稀释过的水玻璃。在容器铺沙的底部，有一片怪异的、五颜六色的微型景观蓬勃生长。这是一片混乱的植被，满是蓝色、绿色、褐色的小芽儿，令人想起海藻、蘑菇、固着的珊瑚虫，还有苔藓，再就是蚌贝、荚果、小树或小树的枝杈，偶尔也令人想起肢体——这是我见到

硝酸铜和氯化钴的混合物
形成的化学花园

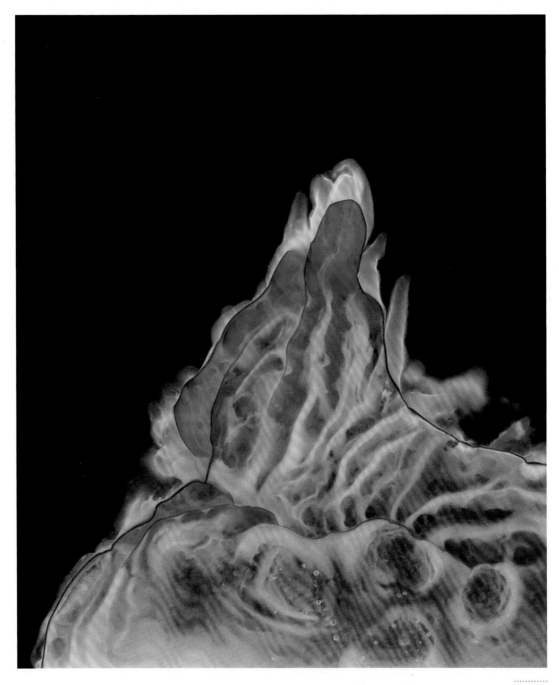

氯化钴

过的最令人惊异的东西；惊异，与其说是因为其确实极为神奇而又让人眼花缭乱的外表，倒不如说是因为其多愁善感的本性。因为，当莱韦屈恩爸爸问我们对此看法如何时，我们怯生生地回答说，那可能是植物。"不，"他反驳说，"它们可不是植物，只是做个样子罢了。但可别因此就小看了它们！就因为它们做出这副样子来，而且是竭尽全力地做到这点，所以值得任何形式的尊重。"

它们确实值得尊重，不过直到 20 世纪末，我们才开始了解，为什么——除了华丽的外表以外——它们值得尊重。

我们来仔细观察一下化学花园的形成过程。如今，通常的操作指南会让你把一颗金属盐晶体（"种子"）放在装有水玻璃的烧瓶瓶底。然后，这颗种子就会缓慢地被一层鼓胀的膜包裹住，这是从种子中溶解出来的金属离子与硅酸根离子形成的一种不可溶的硅酸盐。这其实就是我们在第三章中见过的沉淀反应，但由于硅酸根离子可以连成链和片，它们就形成了一层薄膜。

下面关键就来了。随着种子中的金属盐不断溶解，薄膜内侧金属离子的浓度比膜外侧高，因此，渗透现象就会让水穿过薄膜进入内侧。

这增加了薄膜内侧空间的压力，使其膨胀并凸出，就像植物细胞富含糖类的内容物把水吸进细胞，使细胞胀得紧绷梆硬那样。后者被称为"膨压"，正是绿色植物的茎如此坚挺的原因。所以你看，化学花园的结构和植物之间除了外观，也有一些真正的相似之处！

让化学花园呈现出如此丰富形貌的是下面这个过程。如果硅酸盐膜内侧空间的水压太高，薄膜就可能破裂，然后膜内的金属盐溶液就会从破洞处流出。由于金属盐溶液的密度通常低于水玻璃，它们穿过破洞后会上升，形成一道纤细的喷射流。但是，盐溶液一碰到水玻璃，就会立马卷成一层新的薄膜，形成近乎竖直的柱子或蛇形的管子。其他柱子可能会从别的地方破口，"发芽"并向上生长，宛如幼苗伸向天空。这样，花园就形成了。

生长过程会产生多种形状，取决于水玻璃的浓度、温度等多种细节因素。长出

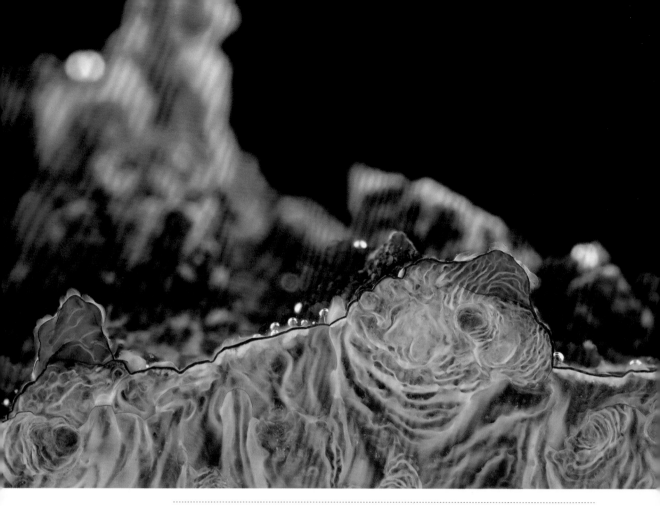

氯化钴：粉色和蓝色区域间的深色线是形成的花园结构与反应容器的玻璃壁接触形成的

来的管子有可能侧边光滑，也可能布满小瘤，或是粗大而遍生赘疣。管子生长的尖端可能有气泡附着，像气球一样引领着管子竖直向上。化学"园丁"会有各种技巧来催生不同的形状，但具体形状如何还是会有一些不确定性。园艺就是这样。

这些化学雕塑挑战了认为要产生复杂结构必须有复杂乃至"有生"成分的观念，反过来也突出了过去几十年来在化学中越发重要的主题：简单的组分，如原子、离子和分子，在合适的情况下会自己组织成复杂的结构，有时候这些结构大到肉眼可见。这透露了一件事物可以引发另一件，不断层层递进，形成一系列结构过程。硅

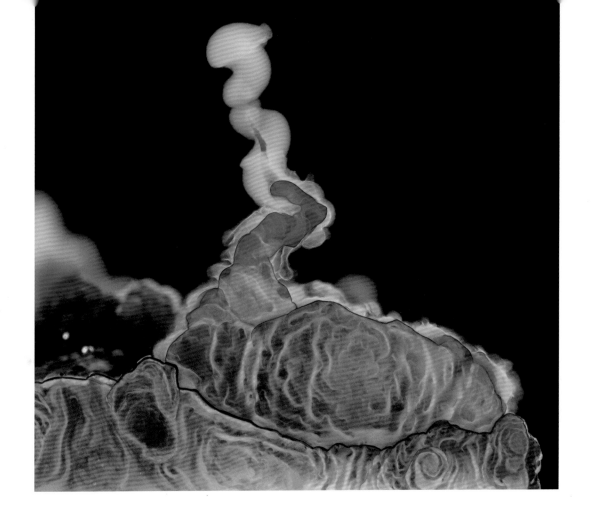

酸根离子有互相连接的倾向，因此能形成膜；一旦形成膜，就能形成封闭的区室；区室会在渗透流的作用下像气球一样破裂，破口又形成"烟囱"和分枝。

现在，我们要来探讨生命本身了。除了在更大尺度上自我组织的

原子和分子以外，生命还能是什么呢？地球上的生命成功演化出了巧妙的自组织方法，且能可靠地重复运用：把自组织的多项指示编码进 DNA 链中，再不断复制，代代相传。但生物有机体还会利用其他各种自组织的化学过程，例如脂类分子会自发聚成薄层或者空心管（见第 087 页）。

氯化钴：粉色和蓝色区域间的分界线是形成的花园结构与容器玻璃壁接触之处

但当生命刚刚出现在地球上时，可没有 DNA 来指导它们如何正确地制造并组织分子。当时的地球上只有结构简单的化学物质，如盐类、矿物和水。

但这不就是化学花园的组分嘛！这种自组织的结构，会不会与生命诞生这一里程碑性的事件有点关系？

化学花园这样的结构确实有可能天然产生。它们产生的地方之一刚好是洋底，洋底之下的液体受火山活动的加热，溶解了大量矿物质，时而从岩石的裂缝中迸出。这些地方被称为"热液喷口"，很多研究者猜测它们可能是生命起源之处。

这么想有几方面的原因。早期地球温度极高，可能被行星形成后剩下的宇宙废墟所构成的陨石轰炸过，这些陨石像雨一般落下，威力堪比原子弹。这种环境可不太适合产生娇嫩的生命。不过，海底可以避免最严重的陨石撞击。

生命需要能量，如今的生命所需的能量几乎完全来自太阳光：植物和某些细菌通过光合作用吸收并储存太阳能，动物则吃下植物，利用植物储存的能量。但是，以这种方式利用太阳能，需要复杂的生化过程。热液喷口提供了另一种能量来源：它有热量，还有化学能，来自热液中溶解的各种盐类的高浓度和周围海水低浓度的差异。这种浓度差就像山坡上的一池水，你可以用它来做有用功，例如推动水车磨玉米粉，或者发电。

更好的是用水闸或大坝把水的能量储存起来，以便更可控地释放它。同样，热液喷口附近的化学物质浓度差也可以用"墙垒"来控制并有效利用，这种"墙"就是膜。

因此，在热液喷口处，由涌出地壳的富含盐类的液体所产生的无机管子和区室形成的化学花园，或许就能成为一种化学电池，为原始的生命系统提供能量。

这种供能方式和活细胞获取能量的过程其实没有太大区别。光合作用的本质就是通过在细胞膜的一侧积累氢离子，形成酸碱度的差异，借此产生动力。神奇的是，细胞实现这一过程的方法其实跟水车很像，只不过这"水车"由蛋白质组成，直径只有 10 纳米左右。这个蛋白"轮"就装在细胞膜上，让氢离子从高浓度的一侧穿向低浓度的一侧，在这个过程中，蛋白质的马达被推动，得以制造富含能量的分子，来驱动细胞的生化反应。

热液喷口处由硅酸盐膜组成的化学花园可没有这么精密的系统可用，但它已经有了现成的离子浓度梯度，能让离子从热液流入管内，无须再利用太阳能来实现这一点（幸亏如此，毕竟在海底那个深度完全没有阳光）。研究者已经找出了喷口附近碱性液体的酸碱度（反映氢离子浓度）梯度如何驱动与真实细胞中代谢相关反应类似的化学反应。喷口处生长的管子和区室或许最终会形成小小的被膜包裹、能自我维持的"反应器"，也就是原始的细胞。这种状态还处在纯化学阶段，但已经在向生物学行进了。

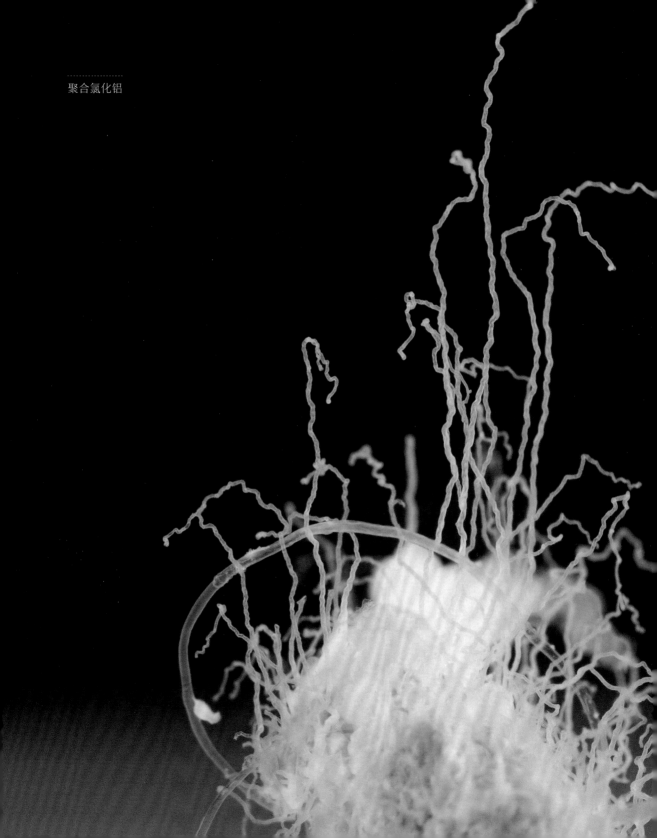
聚合氯化铝

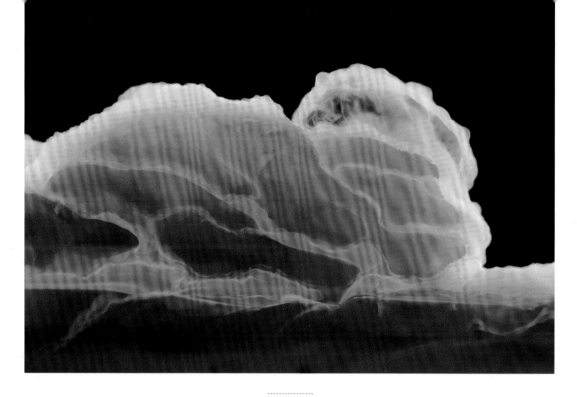

硫酸铁铵

这些想法还只是推测，但也是有意义的，而且还有可能在化学实验室里经受检验。无论如何，我们知道，热液喷口无需阳光也能支持生命，因为深海潜水器探测得知，在如今的地球上，深海热液喷口附近有丰富的微生物群落、蠕虫和鱼虾。

特劳贝和勒迪克等学者研究化学花园，就是想探索化学如何演化发展为生物学。但他们的时代对于生命的化学反应是什么还所知甚少。如今，我们的相关知识已经多了很多，虽然还有很多未解的问题，但我们已经知道，至少在理论上，化学花园能为生命提供一些关键要素。

因此，在看到这些美丽又惊人的结构时，我们可以大大方方地放飞想象力，从中看到树、真菌、珊瑚和森林。我们的直觉或许正是良好的指引，悄悄告诉我们从这里有望发现生命起源的迹象。毕竟，驱动着科学前进、酝酿着新思想的正是我们的想象力和梦想。

延伸阅读 :

Barge, L. M., et al. "From chemical gardens to chemobrionics." *Chemical Reviews* 115, 8652–8703 (2015).

Cartwright, J. H. E., J. M. Garcia-Ruiz, M. L. Novella, and F. Otálora. "Formation of chemical gardens." *Journal of Colloid and Interface Science* 256, 351–359 (2002).

Lane, N. *The Vital Question: Why Is Life the Way It Is?* London: Profile, 2015.

Lane, N., and W. Martin. "The origin of membrane bioenergetics." *Cell* 151, 1406–1416 (2012).

Leduc, S. *La Biologie synthétique*. Paris: A. Poinat, 1912.

Martin, W., and M. J. Russell. "On the origin of biochemistry at an alkaline hydrothermal vent." *Philosophical Transactions of the Royal Society B* 367, 1887–1925 (2007).

Steinbock, O., J. Cartwright, and L. Barge. "The fertile physics of chemical gardens." *Physics Today* 69, 44 (2016).

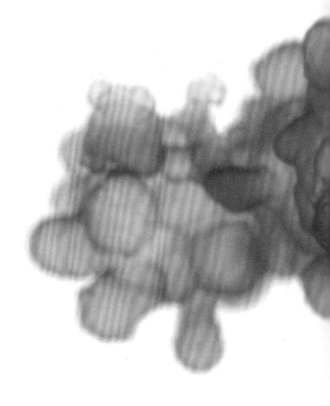

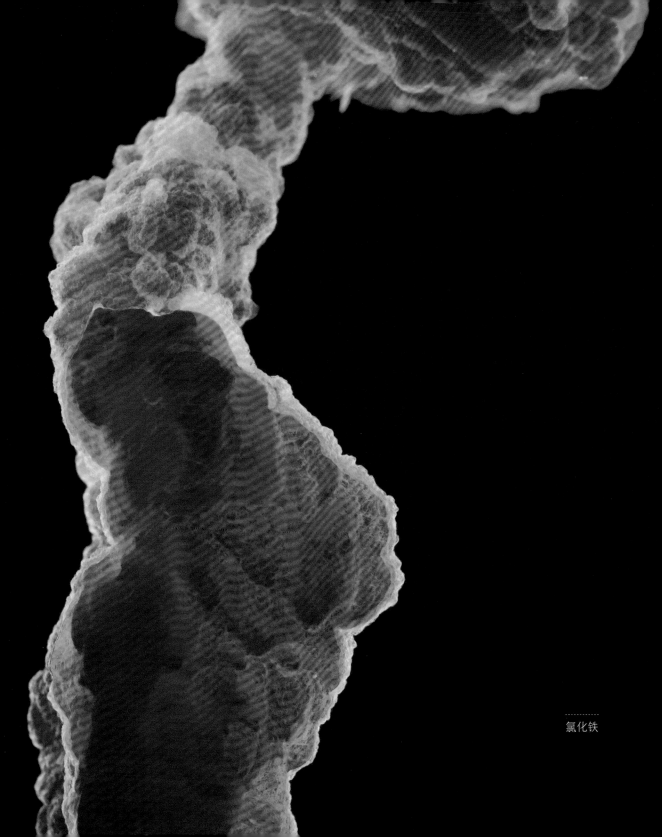

氯化铁

化学家直到最近才发现了机械键，但艺术家们在几千年前就开始描绘并雕刻这种东西了。以博罗梅奥环为例，这种环原本用来表示文艺复兴时期北意大利从事银行业的博罗梅奥（Borromeo）家族的三支，组成其结构的三个环互相连锁，剪断任何一环都会使整个结构分崩离析。是这种结构的机械与物理之美，启发了我们尝试合成首个分子博罗梅奥环。在经历了 10 年的失败之后，我们使用一种名叫"动态共价化学"的方法，终于在 2004 年取得了成功。合成的"动态性"在于，只要稍微改变一下反应条件，就也能合成出所罗门结，其三个环中的两个形成了双重连锁的索烃。这种特殊的拓扑结构包含连锁分子及其镜像对映体，就像左右手一样，这类对映体无法重叠，因此我们按照 50 : 50 的比例生产出了两者的混合物。

机械键是我们日常生活必不可少的一部分。嘎嘎作响的车轮启发化学家合成出了轮烷，这是机械键最常见的一例，无疑也是我在 1991 年首次合成出"分子梭"的基础。我在轮轴上留出两个位置给轮环使用，让分子梭变成了一个分子开关，最终研究出了基于机械键的分子机器。

从童稚玩耍到玩人生的游戏，从理解自然到欣赏艺术，从连接微观结构到机械和电力工程，对我来说，一直是纯粹的喜悦。享受本身就是美妙的体验，尤其是当你意识到主宰着微米、纳米机器运行的物理与宏观世界中我们熟悉的物理并不相同时。美就隐藏在迫使我们重新思考生物与分子世界的种种惊喜之中。

J. 弗雷泽·斯托达特
2016 年诺贝尔化学奖得主

薄薄一层硅酸钠溶液在玻璃烧杯壁
上干燥后形成的图案；形成图案的
具体机制还不甚明了，但很可能与
本章要讨论的反应扩散过程有关

第十章

创造：丰富的图案

托马斯·品钦的巨著《万有引力之虹》（1973）或许是有史以来化学文化含量最高的小说。当然，品钦本人是康奈尔大学的工程学毕业生，肯定对科学有所了解，但他描述的"二战"期间纳粹火箭科学的细节简直可信到令人毛骨悚然，特别能让人想起德国人在集中营主导的那些高分子化学实验（它们最终救了普里莫·莱维的命）。读者会遇到这种仿佛顺便提到的奇特小段：

> 如果那个犹太色狼普夫隆鲍姆没把自己运河边的油漆厂付之一炬，弗兰茨也许就会勤业奉家，一心一意守着那个犹太人不切实际的"图案漆"开发计划，耐心地溶解一块又一块晶体，小心翼翼地控制温度，使那种无定形的涡流这一回终于在冷却时突然变成条纹、波点、格纹和六芒星。

让"图案漆"自己形成圆点、条纹这样的形状，似乎是疯子才会去追求的目标。但实际上，这种物质是存在的。

当然，它们并不是真正的漆。不过，有一些化学成分的混合物在被涂成浅浅的一层后，会逐渐分离成等距分布的色点或色条：那是蓝色背景上的黄色，宛如带着迷幻感的动物皮毛。

"动物皮毛"一说不是随便的比喻。这些化学图案被称为"图灵结构"，于20世纪90年代首次经实验制备而成，被认为是豹或斑马等动物体表因色素而形成的花斑的人工类似物。主刺盖鱼身上的花纹甚至和实验中得到的一样是黄色和蓝色的，这种花纹似乎也是图灵结构。

这些是化学过程产生惊艳图案的典型例子，有些就装点着我们周围的自然界。

这类规律图案的出现似乎违反了热力学第二定律，后者规定所有的变化过程都倾向于向更无序（熵更高）的状态进行。一团四处随机扩散的分子本该抹除任何规律的迹象，但这些图案竟然在其中维系了下来，这并不容易理解。但这类化学图案再一次反映了世界如何从混乱中产生秩序，也就是"自组织"。

科学家称此类图案的形成为"对称性

薄薄一层硅酸钠溶液在玻璃烧杯壁上干燥后形成的图案

破缺"。这听起来可能很奇怪，因为在我们心目中，规律的图案一般与对称性联系在一起，它们的形成不应该是"对称性生成"吗？但其实，对称性最高的状态是完全均匀，各向全都一样。我们通常不会把这种乏味的状态称作对称，可一旦你认识到，对称物体的特征是，对它进行某种操作（如旋转或做镜像翻转）后它看起来会没有变化，你就会明白为什么完全均匀是最高等级的对称，毕竟对它们进行任何操作都不会产生明显变化。如果某种化学物质的各处全同的"无定形漩涡"突然锁定成了某种规律图案（如一列条纹、一片波点或六芒星纹），它的对称性降低了，这在某种程度上就是"破缺"了。

一团充分混合的无定形涡流虽然均匀，但并不有序：它的均匀正是来自其分子的随机分布。之所以此种化学系统中的自组织并不违反热力学第二定律，是因为系统尚未达到平衡态：不在平衡态，热力学定律就不足以完全主宰其行为。图灵结构这样的化学图案模式，一般只有在非平衡条件下才能产生，这意味着，比方说，我们可能需要不停添加新的反应物。如果把它们放在一旁很长时间不加干扰，图案就会消散，系统达到平衡态。

化学系统中自发出现的秩序和模式早在一个多世纪前即已为人所知。1910年，奥地利-美国生态学家阿尔弗雷德·洛特卡（Alfred Lotka）解释了为什么一堆互相反应的化学物质在适当条件下可能产生组分浓度的振荡。洛特卡写下了描述假想化学反应的一系列数学方程，证明方程的解可能是振荡的：例如，一种化合物的浓度可能随着时间推移升高、降低、再升高。洛特卡发现，这类振荡会逐渐减弱并消失，但在后续工作中他又证明，混合物若保持在非平衡态，振荡或可一直持续下去。

但这都是理论而已，洛特卡本人对振荡的化学反应也没那么大兴趣。他用化学物质间的相互作用来类比生态系统中的捕食者捕食猎物。洛特卡认为，在这类情况下，动物种群数量也会随着时间推移而周期性波动（事实也正是如此）。同样，洛特卡在1920年的一篇论文中指出："化学反应中的节奏效应已经在实验中被观察到了。"他

硅酸钠在玻璃表面上干燥形成的图案

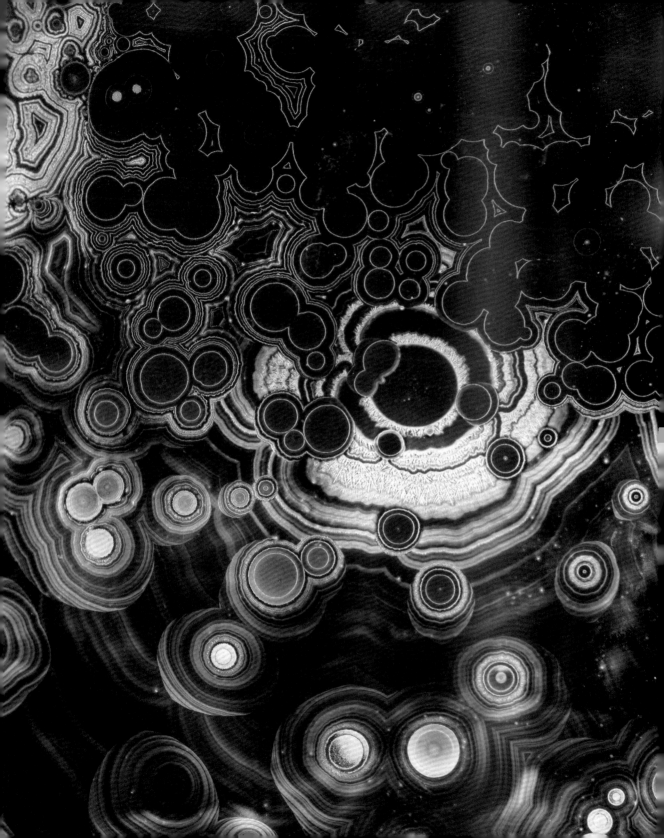

没有解释此番言论的凭据是什么，但仅仅一年之后，加州大学伯克利分校的一位化学家就观察到了正如洛特卡所描述的现象。他进一步解释了洛特卡的框架，但没人对此特别留意：这种现象似乎太特殊了。

直到 20 世纪五六十年代，化学家才开始正视这个想法：化学反应并不总是稳步从反应物转化为生成物，而是有时会出现真正的振荡现象。苏联生物化学家鲍里斯·别洛乌索夫（Boris Belousov）在人工模拟细胞代谢过程中的葡萄糖酶解时，在混合物中看到了浓度来回摇摆的现象。但当时的人认为这违反了热力学第二定律，所以都不相信别洛乌索夫的结果，而是大多认为他一定是实验中出了差错。

但 10 年后，另一位苏联化学家阿纳托利·扎博京斯基（Anatoly Zhabotinsky）在莫斯科发现了另一组反应物，可以以固定的间隔在红色和蓝色间来回振荡。这不容置疑地证明，化学振荡是真实存在的：任何人看到这一反应（如今被称为别洛乌索夫–扎博京斯基反应，简称 BZ 反应），都能一眼明白。

这个现象本身就很惊人了，而如果让 BZ 反应自己进行，别去不停搅动以使混合物在每个时刻都保持均匀，就还会发生更惊人的现象。不加搅拌的话，变色不会在溶液中各处同时发生，而是从某一处发生，然后以波的形式扩散出去。

假设你在一个培养皿中盛了薄薄一层混合物，刚开始时是红色。现在，内容物中出现了一个蓝点，然后像霉点一样逐渐扩散开来。不过，在某个时刻，蓝色部分的中心又出现了一小块红色，因此蓝色就变成了一个环，这环越长越大，就像池塘中的水波纹一样。接着，中间的红色块里又出现了一个新的蓝点——不久就有了两个同心的蓝环。一个又一个环按规律的时间间隔出现：一系列化学波产生了一个同心的靶形图案。

但靶形图案可不止一个：液层中到处都在形成这种同心环。最终，两圈蓝色波纹会相交，并在重叠处消失，就好像相互抵消了一样。整个培养皿中充满了变化不息的同心圆图案，不断生长和消失。有时，这些波形成的可能不是同心的靶形，而是螺旋形，从原本的核心处盘旋而出。

为什么会有这种现象？

BZ 反应的振荡源自一种名为"自催化"的现象，即反应中有产物（暂称为 A）能

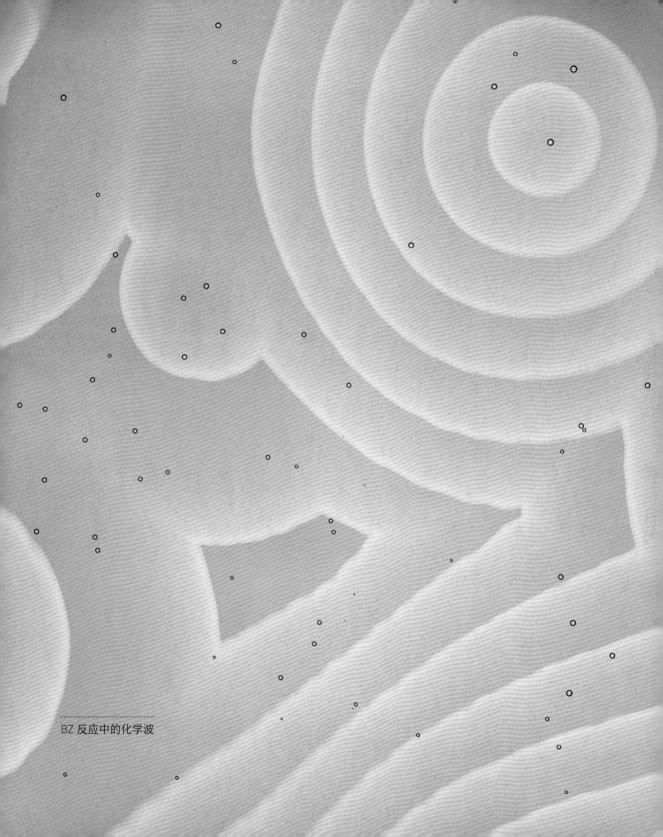

BZ 反应中的化学波

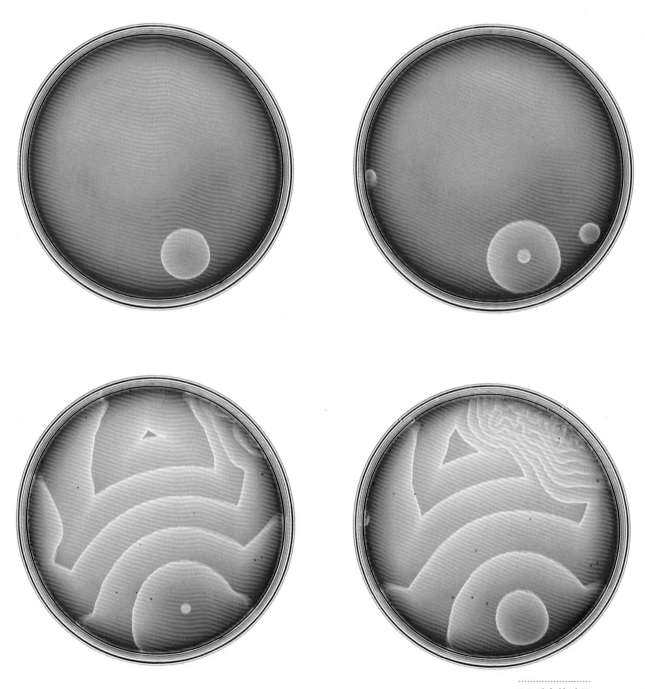

BZ 反应的过程

BZ 反应中的靶形波和螺旋图
案，可见螺旋波波长小于靶形波

起催化作用，催化生成自身的反应。这就形成了正反馈：A 的量越多，它出现的速度就越快。但这个过程不可能永远持续下去，因为反应物会被耗尽，A 的生成最终会停止。这会促使反应翻转到另一个状态：产生另一种产物（称为 B），能碰巧补充生成 A 所需的成分；这种成分充足后，A 的生成又会重启，开启新一轮循环。现在，假设 A 反应分支产生了某种蓝色物质，而 B 反应分支产生了某种红色物质，这样就得到了 BZ 反应的颜色振荡。

而要产生靶形和螺旋形，还需要另一个要素——空间。自催化反应可能在一个地方停止了，但还在另一个地方继续，这只是因为前一个地方的反应物用光了，且还没有新的反应物从别处扩散过来。换言之，A、B 两个反应分支的切换取决于反应消耗反应物的速率和扩散补充反应物的速率。受这类平衡控制的系统叫"反应扩散系统"，它们是自然界常见的模式之源。

科学家认为，像玛瑙、缟玛瑙等矿物中的条纹也是经此类过程产生的——BZ 反应中的靶形波可能已经让你想到了它们。组成条纹的通常是不同类型的矿物，它们是从地下富含盐类的高温流体中以波的形式沉淀出来的，这种矿物的结晶过程跟 BZ 混合物中的自催化反应起类似作用。

这类过程虽然在自然界发生得很慢，但可以在化学实验室中模拟出来。这一点甚至在洛特卡描述振荡化学反应之前即为人所知。1896 年，一位名叫 R.E. 利泽冈（Raphael Eduard Liesegang）的德国化学家在用明胶中的硝酸银做实验（这是当时摄影技术所用乳剂中的关键成分，而利泽冈对摄影很感兴趣）时发现，把硝酸银滴在一层含铬酸钾（会与银离子反应）的胶中，会产生不可溶的深色银盐形成的同心环。而如果反应在装有明胶的竖直玻璃试管中进行，把硝酸银加到胶体柱上端，这些同心环就会形成一系列水平的条带，向着试管底部渐次出现。

当时的化学家注意到，利泽冈带很像动物身上的花纹。眯着眼睛看这一列明暗交替的条纹，你可以想象自己看到的是斑马腿或老虎的尾巴。

也有人嘲笑这种联想太过牵强，但其实并没有。如今科学家认为动物身上的斑纹很可能是一种图灵模式，而后者就是一种反应扩散图案。不过，跟 BZ 反应中的化学波不同，这些斑点和条纹不会动，是

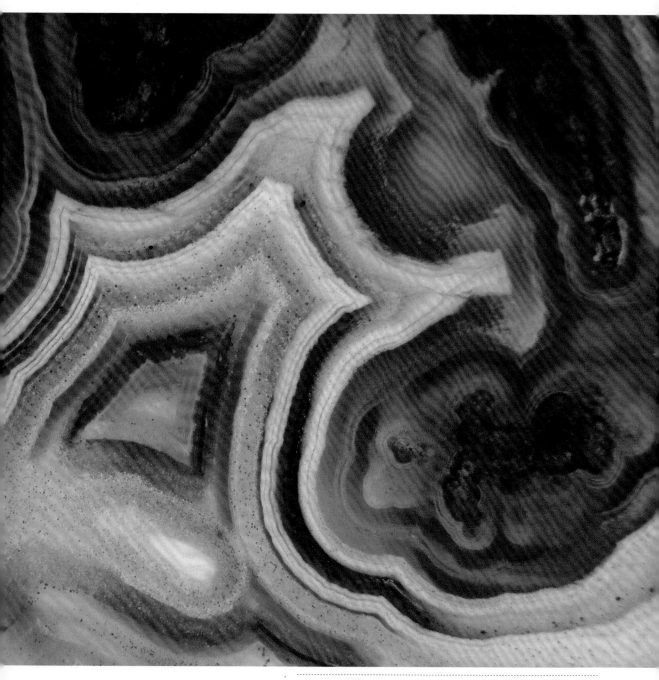

玛瑙中条带的形成过程被认为与利泽冈带类似，是硅酸盐的热溶液中晶体生长时，不同形式的二氧化硅周期性沉淀而成的

硅酸钠溶液在玻璃表面干燥时形成的环和条带

静态图案。

图灵模式的名字来自 1952 年首次预测它们存在的人——英国数学家艾伦·图灵。图灵为人所知的是他数字计算机先驱的身份，以及"二战"期间在英国的布莱切利园（Bletchley Park）破解了德国人的"恩尼格玛"密码。

图灵对模式和自组织的兴趣是受另一种对称性破缺过程的激发——胚胎中"身体规划"的出现。胚胎一开始像是完美的球体，因此也是对称的；但这么一团细胞是怎么"决定"哪一部分发育成头，哪一部分发育成躯干，然后再逐渐细化，长出手指、脚趾和器官的呢？

图灵并不知道在同一时间的苏联别洛乌索夫发现了什么，但他产生的想法最终解释了这位苏联生物化学家观察到的现象。实际上，正是图灵关于模式形成的开创性论文提出了反应扩散过程的名字。

图灵提出，胚胎发育或许受某种生物

硝酸银与铬酸钾在明胶中反应形成利泽冈带，条带由铬酸银沉淀构成，随硝酸银的扩散沿胶体柱自上而下形成（右页两图中的条带呈螺旋状）

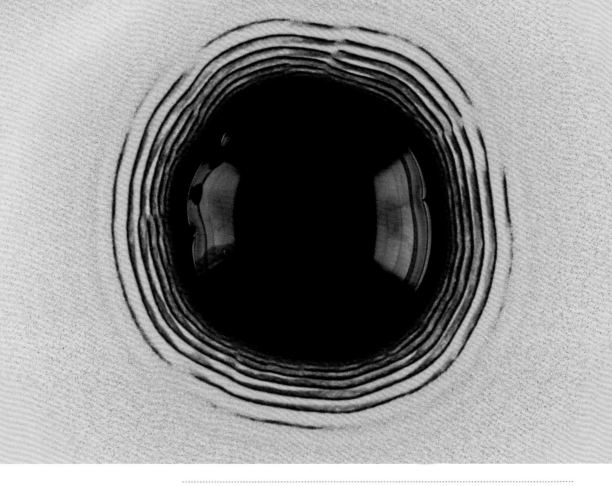

上 & 右：硝酸银滴在培养皿中一层含重铬酸钾的胶体中央时扩散产生的利泽冈环

分子的掌管，他称之为"形态发生素"。形态发生素会在细胞间扩散，以某种方式激活控制发育的基因。问题是，胚胎的基因为什么最后只打开了一部分，另一部分没有打开？

图灵提出了一个理论，展示了形态发生素的反应扩散过程如何解释这一现象。

这个机制同样依赖于催化剂改变（形态发生素）反应速率形成的反馈，以及扩散的速率。他的方程的关键特征一开始看起来并不明显，但后来的研究者证明过程中有两个关键组分：一种形态发生素起激活剂的作用，可以自催化，产生越来越多的自己；另一种则起抑制剂的作用，打断激活

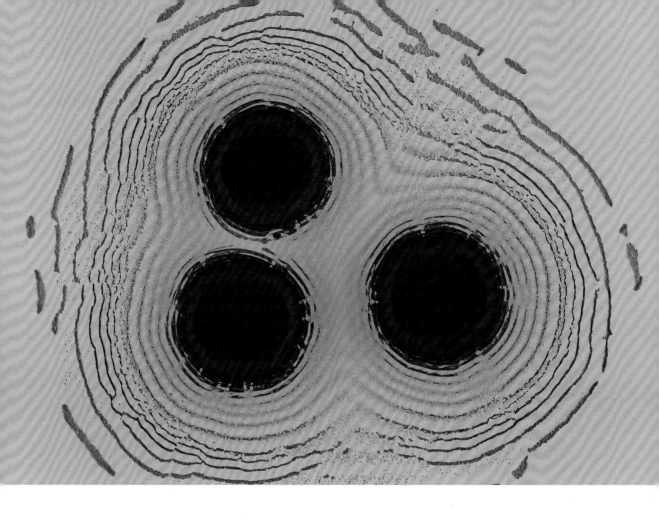

剂不受控制的增长。如果抑制剂扩散得比激活剂快，结果就是在一片抑制剂的"海洋"中出现激活剂的"岛屿"，混合物变得零零散散，犹如补丁。图灵勾勒出了这种"斑图"可能的样子，很容易让人联想起奶牛或斑点狗身上随机分布的暗色斑块。

等到计算机能进行图灵只能徒手做的计算之后，结果清晰表明，图灵模式中的"岛"或多或少是均匀分布的，且生成的形状可以是斑点，也可以是条纹。这类图案很有规律：条纹互相平行，一团团斑点则堆积成大三角形。但这些阵列通常也有许多"缺陷"：条纹可能弯曲、融合，斑点也可能打破队形。但这些细微的不规则性反

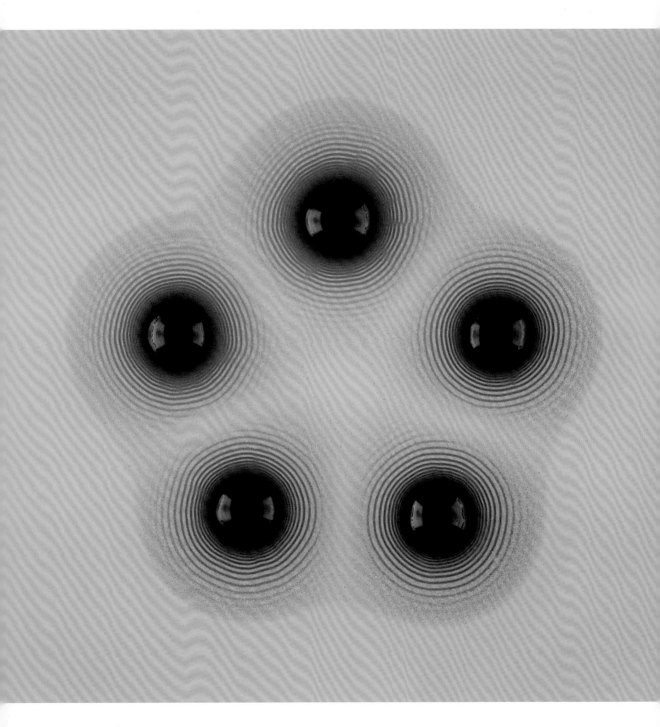

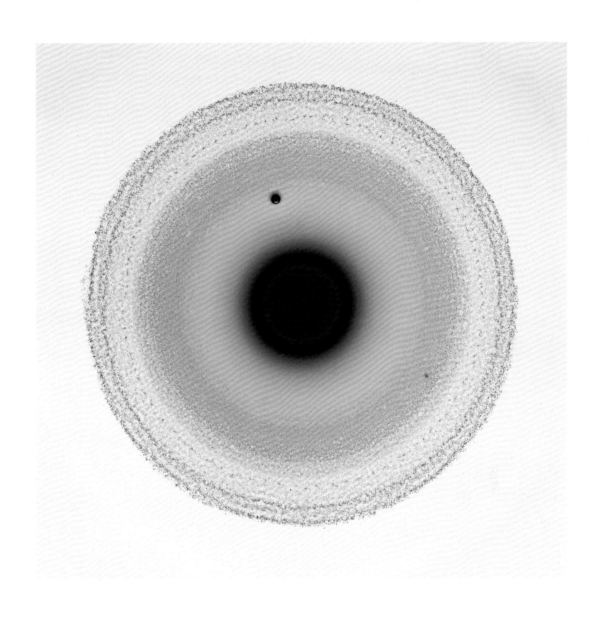

左：五滴硝酸银滴在培养皿中一层含重铬酸钾的胶体中央时扩散产生的利泽冈环
上：一滴硝酸银滴在一层含重铬酸钾的胶体中发生的利泽冈过程最终产生的结果

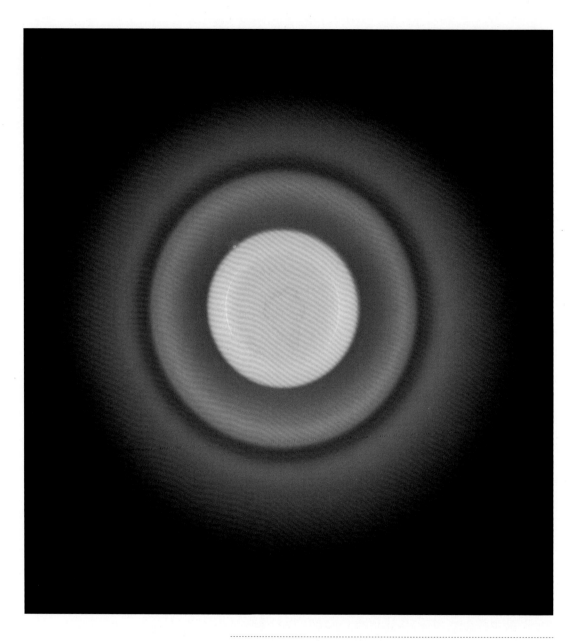

一滴硝酸铅滴在一层含重铬酸钾的胶体中央时扩散产生的利泽冈环

倒增加了它们与动物斑纹的相似性。

研究者如今已经设计出了一些图灵类理论方案，能产生许多种动物身上的斑纹，包括美洲豹的玫瑰形斑点、长颈鹿身上不规则的拼贴网纹、热带鱼类（如鲸鲨）身上时分时合的斑点即条纹形状。在主刺盖鱼身上，一种图灵类模式生成过程可以解释为什么随着鱼逐渐长大，黄色条纹会像拉链拉开一样成对出现。

这些证据都显示，动物身上的斑纹非常可能是由图灵类化学模式产生的。有观点认为，皮肤或毛发色素形成的图案早在胚胎阶段即已定好：体内的形态发生素把产生色素的基因打开或关闭，之后固定下来的图案就只会随着动物长大而变大。不过，还没有人成功发现哪种分子可能起形态发生素的作用，因此该观点还未获确证。

但如今学界广泛接受的观点是，生物体内有另一些模式确由图灵过程生成。哺乳动物身体表面接近规则、间隔均匀的毛囊似乎就以这种方式分布，还有狗上腭平行分布的条状凸起。这里，形态发生素打开的不是色素基因，而是与产生某种身体或组织结构有关的基因。

行进的化学波和静态的图灵模式可能也绘出了海贝壳上华美的图案，即沿贝壳的生长轮分布的明暗交替的区块。随着贝类的生长，这些区块不断扩大，成为过去图案的固定记录。生长轮上的静态斑块变成条纹，而行进的斑块则成了 V 形的"臂章"。蝴蝶翅膀上夺目的图案，也被认为形成自牵涉形态发生素控制着色的反应扩散过程。演化利用并调整这些形成图案的机制，使其帮生物适应环境，通过伪装（模拟成其他物种的样子）来假装自己有毒，从而避开捕食者。毕竟，自然界中自发的模式形成过程与达尔文自然选择的要求并不冲突，甚至还相互促进：**反应扩散的化学过程或许提供了基本的色板，而演化利用它绘制出了上千种实用的奇迹。**

自化学这门学科诞生起，化学家们就醉心于各种图案模式。19 世纪初德意志的博学大家约翰·沃尔夫冈·冯·歌德就对"形态学"（研究形状的形成）背后的规律颇为着迷，尤其致力于在植物中寻找形态规律。歌德的神秘主义观点也融入了他的朋友、化学家 F. F. 伦格（Friedlieb Ferdinand Runge）出版的一本书中，书名大致可以译成"物质形成的驱

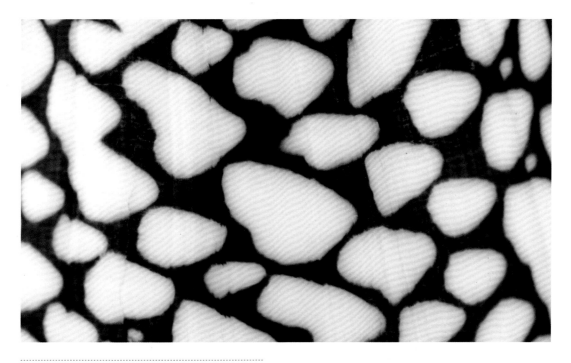

左：织锦芋螺（一种有毒海螺）螺壳上的色素图案
上：大理石芋螺（一种海螺）的螺壳图案

动力"（*Der Bildungstrieb der Stoffe*）。伦格展现了将化学物质滴到吸墨纸上所形成的惊人图案，并认为这些图案表明，化学元素以某种方式决定了自己的形态和命运。

伦格是当时首屈一指的化学家，擅长从颠茄等有毒植物中提取有机的"天然产物"，也是色彩化学专家。他研究了煤气生产过程的副产物、名为煤焦油的黑色黏稠物质，并从中提取出了一种"煤焦油染料"

（苯胺蓝），为现代化学工业奠定了基础。

在研究过程中，伦格发现（或许出于偶然），把不同的有色盐溶液先后滴到吸墨纸的同一位置，随着溶液的渗透、扩散，会产生万花筒般的复杂图案。有的像岩石上的青苔，有的像眼睛、像花朵，或是有条带纹的玛瑙。他写道："这里一下子展现出了一片新世界，其中颜色的形状、形成及混合方式我以前从未想到过，甚至从未

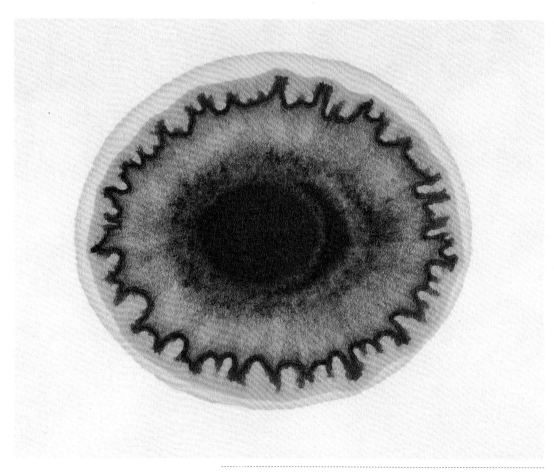

用伦格发现的方法制出的图案：在吸墨纸上滴两滴氯化铁溶液并晾干，然后再在上面滴两滴亚铁氰化钾，就形成了蓝色的亚铁氰化铁

有过猜测，因此在现实中得见更觉惊人。"

在伦格的图案中，反应扩散同样扮演了重要角色，这里则是受了溶液沿纸纤维扩散的"毛细作用"的影响。他在 1850 年出版的书《论颜色化学》（*Zur Farben-Chemie*）中展示了部分图像，希望启发画家以及从事室内装潢和织物印花工作的人。他在 5 年后出版的《物质形成的驱动力》中间接提及了歌德关于"形成作用"（德语就是 Bildung）的思想，他认为这是大自然

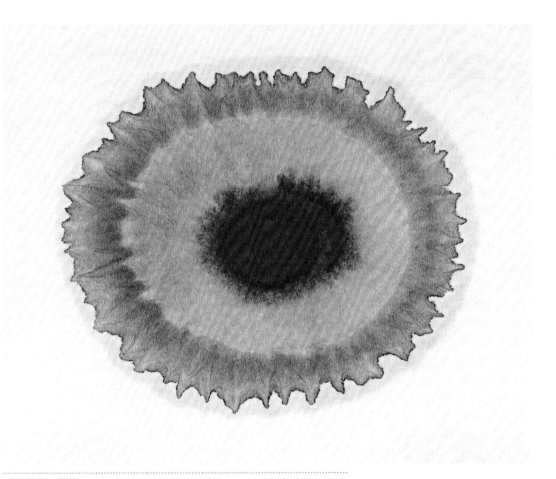

另一种伦格化学图案，通过把亚铁氰化钾滴在干燥的硫酸铜液滴上生成

的根本驱动力之一。伦格写道，这样的驱动力"一开始就栖身于元素之中"，还猜测这是"动植物身上活跃的生命力"的根源。

对伦格来说，这种驱动力赋予了化学一种内在的创造性，超越了化学家可能施加的一切影响。**就好像元素自己蠢蠢欲动，要组织成有生命的物质。**

我们如今可能会用不同的词来形容，但反应扩散图案的出现，确实为认为大自然在适宜的条件下拥有某种自发的多样化

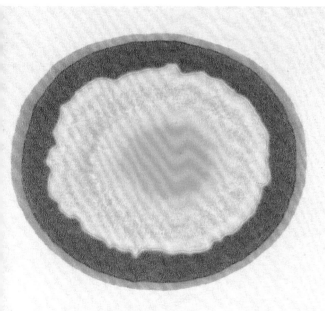

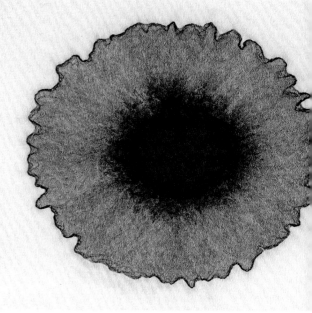

上：把硝酸铅滴在干燥的重铬酸钾液滴上形成的伦格图
下：把硝酸银滴在干燥的铬酸钾液滴上形成的伦格图

上：硫酸铜、硫酸亚铁和亚铁氰化钾形成的伦格图
下：把铬酸钾滴在干燥的硝酸银液滴上形成的伦格图

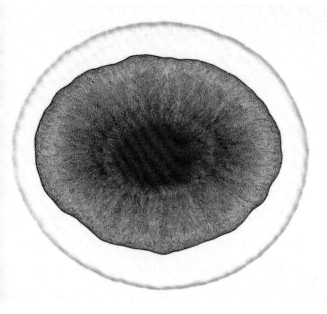

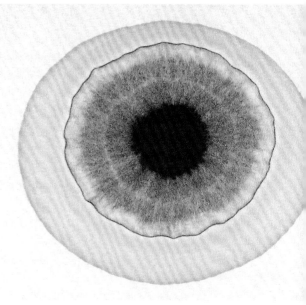

创造冲动的观点提供了一些佐证。而我们可以用扎实稳固的数学方程和非常可靠的物理学及化学原理来解释其中大部分乃至全部。但这种理性的分析并不会消除我们在看到神奇现象时的惊叹之感，比如看到螺旋波在培养皿中展开，或是化学混合物自己化成一片豹纹斑点的时候。自然一旦透露了它的能力，我们就该沉迷其中。

延伸阅读：

Ball, P. *Patterns in Nature*. Chicago: University of Chicago Press, 2016.

Ball, P. *The Self-Made Tapestry: Pattern Formation in Nature*. Oxford: Oxford University Press, 1999.

Leslie, E. *Synthetic Worlds: Nature, Art and the Chemical Industry*. London: Reaktion, 2005.

Meinhardt, H. *The Algorithmic Beauty of Sea Shells*. Berlin: Springer, 1995.

Murray, J. D. "How the leopard gets its spots." *Scientific American* 258, 62 (1988).

Turing, A. M. "The chemical basis of morphogenesis." *Philosophical Transactions of the Royal Society B* 237, 37-72 (1952).

Winfree, A. T. *When Time Breaks Down*. Princeton: Princeton University Press, 1987.

硫酸锰和铬酸钾形成的伦格图

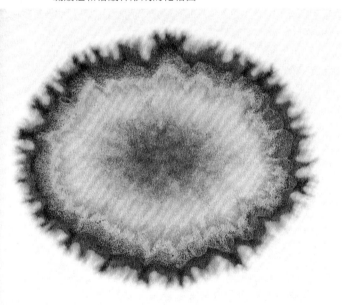

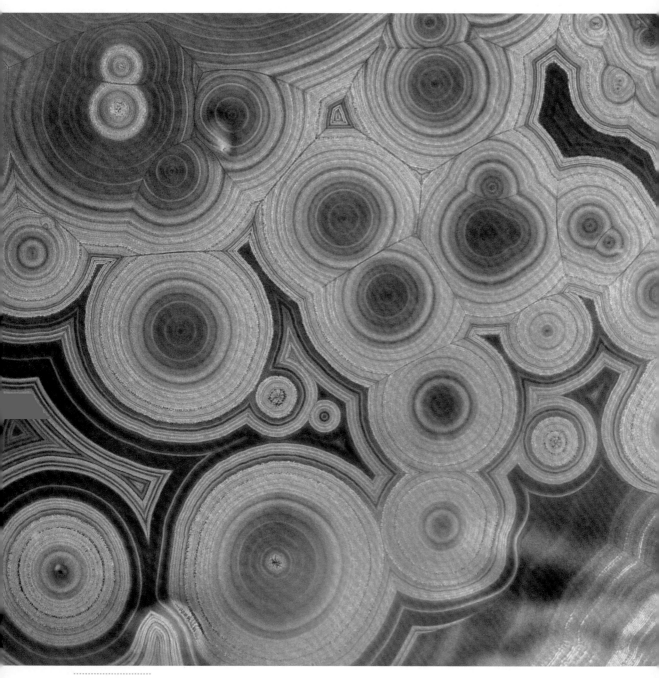

硅酸钠环状图案

艺术、奇观与科学

对化学产生持久而深刻的痴迷的人，往往会提到自己受了这门学科美学侧面的吸引。作家、神经科医生奥利弗·萨克斯这么描述自己对金属的迷恋：

> 我喜欢金子的黄色和沉重感。我母亲会取下手上的婚戒，让我把玩片刻，并告诉我它是多么完美无瑕，永不褪色，并补充道："掂掂它有多沉。比铅都沉。"我知道铅是什么样的，因为某一年我玩了水管工留下的沉甸甸的软管……铜也是一样，人们会把铜和锡混合起来制造青铜。青铜！这词在我听来就像小号一样，因为战争就是青铜兵器间的勇猛撞击，青铜长矛刺上青铜盾牌，阿喀琉斯那厉害的盾牌……我知道铜，我们家厨房里那口大铜锅有着闪闪发亮的玫瑰色——

它一年只会被拿下来一次，那时园子里的楸梓和海棠果都熟了，我母亲会用它们来煮果酱。

> 我也知道锌：园子里色泽暗淡、微微发蓝的鸟浴盆就是用锌做的。还有锡，野餐时的三明治就裹在很沉的锡箔里。母亲给我展示过锡或锌在被弯折时会发出奇怪的"叫声"，告诉我说"这是因为晶体的结构变形了"，她完全忘记了我才5岁，听不懂这话。但这些话迷住了我，让我想知道更多。

正是这些特征，让化学成了感官体验如此丰富的一门学科。诺贝尔奖得主罗伯特·伍德沃德（Robert Woodward）也证实：

> 我之所以被化学吸引，感官元素起了很大作用。我爱晶体，它们的形

态还有形成过程充满了美；也爱液体，静止的，蒸馏的，晃晃荡荡的；爱烟雾打出的旋儿；爱各种气味，无论是好是坏；爱五彩斑斓的颜色；爱不同大小、形状、功能的闪亮器皿。虽然我也会思考很多关于化学的事，但如果没有这些物理的可见可触可感的事物，化学对我来说就不存在了。

这斑斓的色彩正是很多爱好者被化学吸引的原因。奥利弗·萨克斯说，他父亲的家庭诊所"就像一家小型的老式药店"，有"各种樱桃红或金黄色的饮用药水，还有龙胆紫和孔雀石绿色的搽剂"。

化学还以气味而知名，这也是深受普里莫·莱维喜爱的一个特点：

我常常怀疑，小伙子时期的我在内心深处选择学习化学的动机并不是我当时反复宣扬的那些理性解释。我之所以成为化学家，不是（或者说不只是）想要理解周围的世界，也不是为了应对法西斯主义的阴暗教条，更不是为了名或者利，只是为了找到，或者创造锻炼鼻子的机会。

化学充满了令人愉快的芬芳：酯类那梨形硬糖的香蕉混梨子味，苯甲醛那股令人为之一振的杏仁味。工业实验室热衷于研发唤起人感官体验和激情的新香水。合成有机化工业的伟大先驱之一威廉·珀金（William Perkin），就是在 19 世纪中叶炼制出第一种煤焦油染料（苯胺紫）的人，他把职业生涯的最后几年花在努力合成香豆素上：香豆素是香水和香草代用品中的常见成分，有刚割过的草的香气。当然，不是所有化学气味都能激发审美愉悦：强烈的氨气、氯气、二氧化硫味会让你天旋地转，吸入太多这类气体可是会中毒的。

化学的感官刺激还不止于此。人体还有味觉这种化学官能，它和嗅觉一起协调着人对食物风味的感知。在过去，很多化学家会尝化合物的味道，以此来分辨它们——这种方法往最好了说也是非常危险的。化学也关乎触觉：学生们会在课上学到，碱摸起来是滑滑的，因为它们会把皮肤表面的脂肪分子水解成肥皂；锇这样的高密度金属拿在手里惊人地沉，仿佛不知怎的聚集甚至放大了重力本身；所有曾把手指伸进一杯液态汞里（不鼓励现在的小学生这么做，因为这种金属有毒）的人都不会忘记那种诡异的质感,这种致密的闪亮液体不会沾湿皮肤。

在本书中,我们已经看到了化学的一些危险诱惑,比如能制造爆炸和闪光。镁燃烧产生的闪光会亮到人眼无法承受;烟花略添一些其他金属,就能为燃烧增加魅力和色彩。化学系的学生早早就能学会认出氢气的爆鸣声:镁、锌等活泼金属与酸反应会产生氢气气泡,用倒置的试管收集这些气体,在管口处点燃即可听到。至于"温压狂人"(爆炸爱好者),更是广有危险度各异的配方,多到让人不禁大声喝止:学校里的调皮鬼最喜欢三碘化氮,这种棕色物质就算只残留在滤纸上一点点,在突然撞击之下也能爆炸,冒出一股紫色的碘烟。

肯定没有其他哪个科学分支从本质上就有这么多审美属性了。它们不是偶然存在的,而是化学的核心,无疑也是吸引人来学习这门学科的特征之一。所有科学家都不只是受纯粹智识冲动的引导,但化学家或许尤其不是。如果说物理学家会表达对物理方程和概念之美(他们的确能感知到)的敬畏和惊叹,生物学家会被自然界丰富的多样性和创新性吸引,那么化学家表现出来的则是最高的创造力:制造的欲望。他们的仪器,他们的烧瓶、导管和称量设备,往往有超出其实用需求的美感,展现的是在满足实际理性需求之外也要满足本能的艺术审美的冲动。

当然,化学的这些方面也经常被人轻视:它们能吸引年轻学生固然很好,但毕竟过于肤浅,无法长期维持他们的兴趣。但事实并非如此。专业的化学家也常会纵容自己的感官欲望,哪怕是带着一点罪恶感。颜色变化可以是一个讨喜的指征,提示化学反应已然发生;展示晶体或物质薄层的双折射特性(其中的光线弯折取决于其传播方向及其偏振)的显微镜图像,是一片万花筒般的多彩世界;原子和分子可能在多个不同尺度上自发组合成复杂的形态,宛如经微观之手雕琢而成。鉴于这些视觉形态都传递了有用的信息或表现出了实用性,化学家自然大可以欣赏它们。

我们还可以反过来说:如果化学包含着审美特质,那么从感官上欣赏周围的世界,也会把我们吸引进化学这门学科,所需不过是能接收到周遭的感觉体验,以及好奇心。为什么这种材料透明可拉伸,那种材料刚硬能反光?这些颜色是从哪里来的?每次下雨都会出现的那股气味是什么？为什么咖啡是苦的，我又为什么喜欢喝它？不用多久，这些问题就会变成化学问题，即聚焦到物质的组成、原子和分子的排列，以及它们的相互作用和反应上。这些问题都关乎事物的细粒结构。

要对这类问题感到惊奇，首先要注意到它们。有人认为科学会给世界去魅，但事实恰恰相反，它会让世界"返魅"：**科学要求我们愿意在平凡中发现陌生与惊奇。**一旦开始提问，问题就会无穷无尽。比如，人自古以来就艳羡花朵，但关于其颜色是怎么形成的，我们在理解上还有诸多鸿沟，更不用说它们在植物的一段段微妙曲折的演化之路上服务于什么指引作用了。对于看似最简单的东西——水分子、氢分子、亚原子的质子，科学家还在陆续发现意想不到的现象。所有这些研究，所有这些问题，都起源于我们能看到、听到、感受到的东西：来自切实可感的现实，以及它对我们的注意和欣赏的吸引。

而化学家看待现实的这一视角只会比我们普通人更宽广：他们会深入本书的某些图片展现的微观王国，走进可见光之外的世界，看到看似连续的物质分解成单个的分子和原子。甚至到了这里，审美感知也不会抛弃我们。就像建筑师造房子那样，化学家也会以审美标准来构造分子。化学家可不愿意随随便便做这项工作。他们想造出具有特定规格、特定功能，但同样能够取悦分子建筑师同行们的分子。

化学家设计了各种机智的方法来把原子和分子组装得刚刚好，化学合成大师受景仰的程度也不逊于大艺术家——至少在化学家中如此。有个有效概念叫"分子美学"，关乎分子在艺术层面带来的愉悦。弗朗西斯·克里克和詹姆斯·沃森都称 DNA 的双螺旋结构很"美"——不过他们只是私下里说说，因为 20 世纪 50 年代科学界的严肃风气并不欢迎这种热情洋溢的表达。如今，情况正在改变（虽然还是太慢）。

我们希望本书能对这一改变有所贡献。我们要赞赏化学之美，不是作为这门最有用的科学的偶然副产物，而是它必然、宝贵且重要的一部分。我们邀你一起分享这份惊奇，也希望你认识到这份惊奇人人皆可享受。正如 19 世纪化学家、天文学家约翰·赫歇尔（John Herschel）所说：

> 对自然哲学家而言，没有哪个自然对象会微不足道……一个肥皂泡……一颗苹果……一枚卵石……他走在众多奇迹之中。

致 谢

数年前我在上海的时候，梁琰和我第一次讨论合作，把文字和图片结合起来，我马上就明白了这个项目的诱人前景。我一直很钦佩他和文婷拍摄下的那些令人叹为观止的图片和视频，它们在国际化学界也广为流传，能为它们撰文是我的荣幸。与梁琰和文婷的合作非常愉快。对我来说，这些图片表达了年轻时吸引我投身化学的很大一部分因素，我希望这本书也能给别人带去同样的影响。

感谢麻省理工学院出版社对"化学之美"抱有与我同样的热情，尤其要感谢叶尔米·马修斯（Jermy Matthews）耐心的编辑指导和海利·比尔曼（Haley Biermann）勤奋的项目管理。同样要感谢为本书慷慨供稿的杰出化学家们。

菲利普·鲍尔

我们要感谢中国科学技术学会对"重现化学"项目的支持（本书很多照片来自该项目）。感谢上海交通大学机械与动力工程学院齐飞教授允许我们拍摄特殊的火焰。感谢周丛照教授与陈宇星教授允许我们拍摄中国科学技术大学结构生物化学实验室生长的蛋白质晶体。感谢孟伟哲博士帮助翻译了 F. F. 伦格对于创造"自生长图像"的文字描述。感谢吴尔平允许我们拍摄他的金样品。感谢中国科学技术大学的黄微教授和马明明教授，以及格拉纳达大学的朱利安·卡特莱特（Julyan Cartwright）教授的有益讨论。最后，要感谢"美丽科学"团队的支持。

梁琰、朱文婷

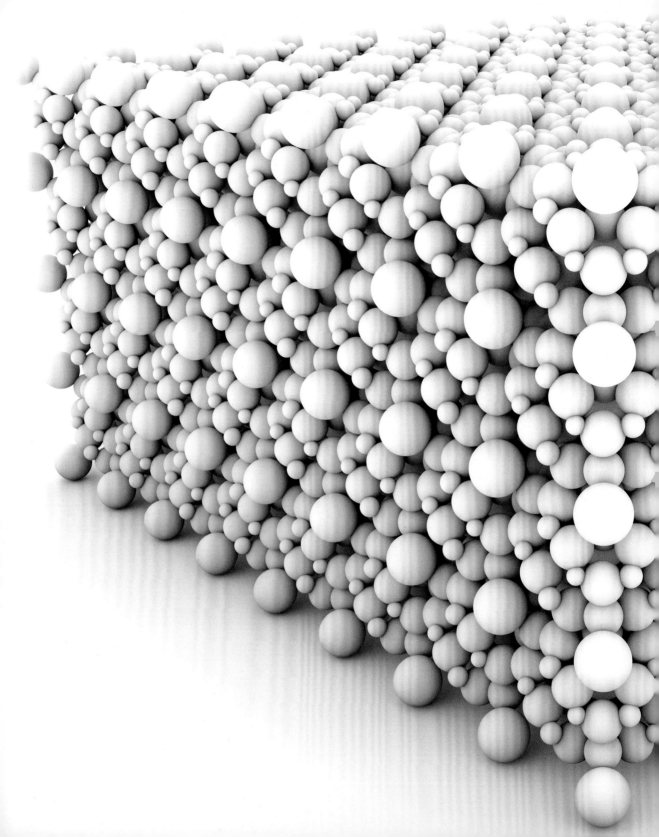

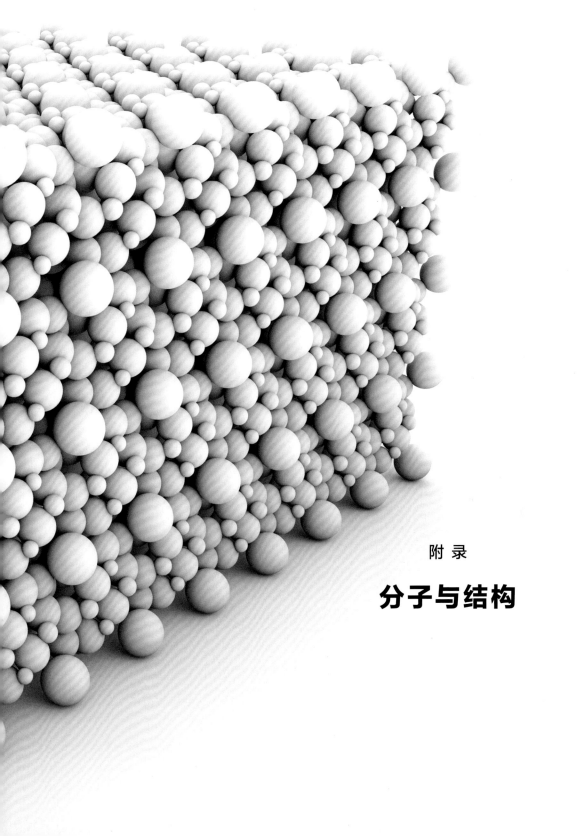

附 录

分子与结构

贯穿本书，我们都在讲化学过程中出现的形态、模式和结构带给人的惊奇与愉悦，这些都可以为我们亲眼得见——也许要借助一下放大镜、显微镜和热成像仪。

但我们也透露了，在这么丰富多彩的现象背后，是原子和分子——化学的基本组分。"基本组分"一词已被用滥，但我们在这里还是要用，因为它再合适不过。化学的全部内容，就是用这些成分来"组"出结构。诺贝尔奖得主弗朗西丝·阿诺德曾精彩地描述道（第035页），自然用这些基本组分造出了蛋白质、DNA等分子，再以此为基础构造出了细胞和生物体。我们人类构造分子的能力还远逊于大自然，但我们一直在进步。在小说《扳手》中，普里莫·莱维在构造分子的合成化学家和造桥的建筑工程师之间建立了明确的类比。在莱维的故事中，叙述者尝试向工程师福索内描述他们的职业有多相似：

> 我的职业……我在学校里学习，并让我存活至今的职业是化学家……跟你的职业有点像，只是我们搭建、拆解的是非常小的结构……我们处理的东西小到看不见，用最强力的显微镜都看不见，因此我们发明了各种各样的聪明装置，不用看见就能认识它们……但我们仍旧两眼一抹黑，哪怕是在最好的情况下，即这些结构简单且稳定的情况下。因为看不见，也没有常常像久旱盼甘霖那么日思夜想的镊子，我们就没法拿起一个部件，紧紧夹住它，把它按正确的方向粘在已经组装好的部分上。要是有这种镊子（或许早晚会有的），我们就能创造出目前只有全能的上帝能造出的一些可爱东西——或许不是青蛙或蜻蜓，但至少是一个微生物或是霉菌的孢子。

因此，我们认为，如果不让你一瞥让化学家们得以施展建筑技巧的这些原子和分子是什么样子，就太可惜了。

但有一个问题：我们没法给这类东西拍照。诚然，从莱维写《扳手》到现在已经有了不少进步，如今我们能创造的不仅有略略类似于莱维的叙述者日思夜想的那种"镊子"工具，还有能给我们展示原子世界的照相机。也有扫描探针显微镜之类的仪器，可以给我们展示出单个分子的样子，它们看起来像一小块模糊的斑点，或是小棍（代表化学键）搭成的框架，与化学家一个多世纪以来绘制的分子示意图惊人地相似。

但这就是分子的样貌吗？并不尽然。这些是计算机基于复杂设备的测量结果绘制出的图像。我们并不能像看一朵花，甚至像在显微镜下看一片树叶的细胞那样看分子。还记得前面说过，光是一种电磁波吗？这里的问题就是，电磁波的波长比一个典型的分子要长，就更别说分子中的单个原子了。这就意味着，用我们眼睛能看到的可见光永远不可能看到分子，就好像用刷墙的大刷子没法画出手指甲那么小的肖像画一样。按照"看"的通常意思，就不存在"分子看起来的样子"这种东西。

不过，我们可以推断出原子排列成分子的方式。在第二章中我们看到，X 射线晶体学就是推断分子结构最早且最好的方式之一。直到如今，X 射线衍射仍是推断分子和晶体形状的标准工具。一旦知道了原子的排列方式，我们就能用计算机作图来展现这一结构。通常在这类图像中，原子会用球体来表示，可能是闪亮的硬质圆球，不同种类的原子用不同颜色；这些球或是粘在一起，或是用代表化学键的小棍连接成框架结构。

这些完全是虚构的示意模型。原子不能说有颜色（虽然它们可能产生颜色，比如人血的红色就来自血红蛋白分子中的铁原子），当然也不闪闪发光——闪闪发光只在人的尺度下才有意义。它们不是硬的，也没有清晰的表面和边缘。但就算如此，球棍模型也在一定程度上展现了分子的形状，而我们会觉得这些形状有时候在审美上令人愉快，甚至可以说很美。

在附录中，我们会展示一些分子模型。在整本书中，这些是仅有的"不真实"图片，而更像是某种卡通图案。它们由图形软件生成，展现的是艺术家对人类眼中的分子可能是什么样子的想象。不过，我也不会为此感到抱歉，毕竟分子和原子尺度的结构也是化学之美的一部分。

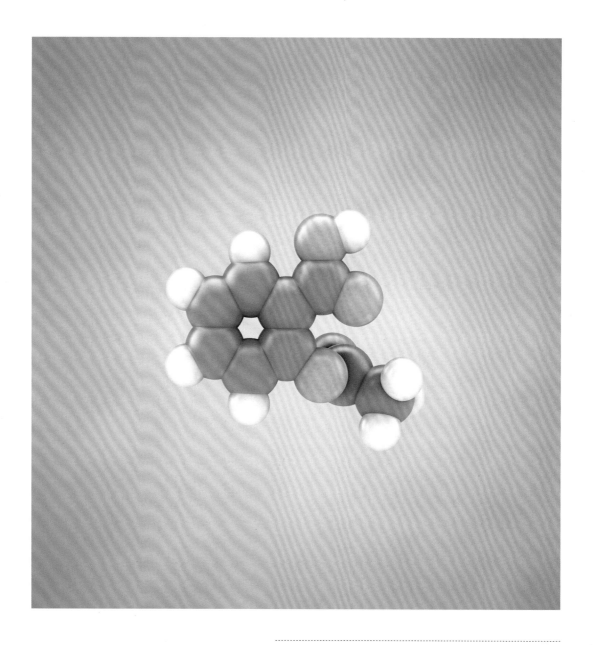

使阿司匹林具有镇痛作用的分子。这张图（及附录中所有图）中，灰色小球代表碳原子，白色是氢原子，红色是氧原子。该分子的化学式是 $C_9H_8O_4$，数各种小球的数目即可得到。

万古霉素分子，这是一种常见的抗生素，由一种
土壤细菌产生，这展现了"自然产物"分子能有
多复杂。浅蓝色的原子是氮原子，绿色的是氯原子。

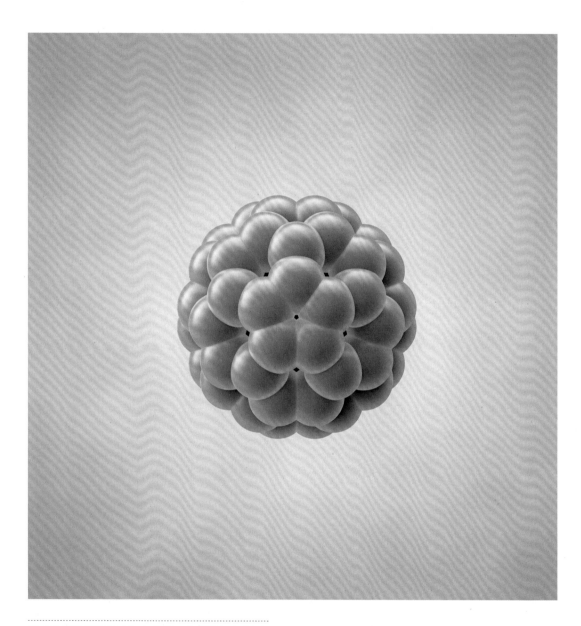

巴克敏斯特富勒烯（C_{60}）分子，它刚好包含 60 个
碳原子，互相连成六边形和五边形，组成一个接
近球形的空心壳层，刚好与由六边形和五边形组
成的足球结构完全相同。该分子直径略低于 1 纳米。

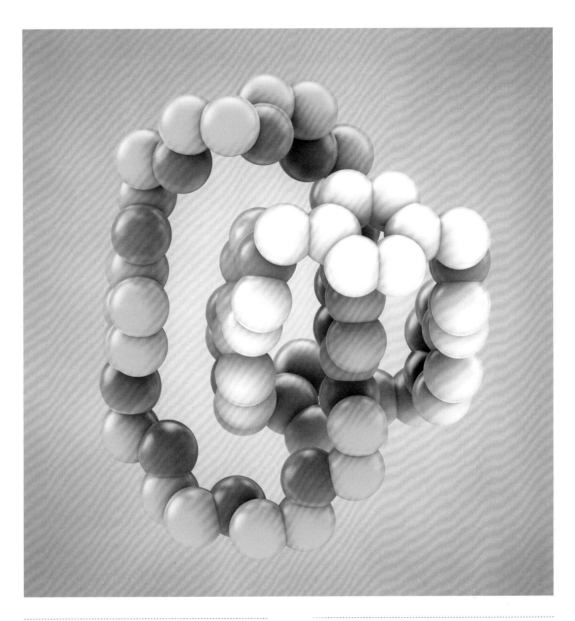

该分子结构名为"索烃",由两个环状分子相互嵌套而成。这里的颜色不代表特定的原子,只是用来区分两个不同的环。两个环在不断开化学键的情况下是无法分开的,因此该把这两个环看作单个分子(两环之间以所谓的"机械键"连接)还是两个相连的分子,化学家们对此还没有完全达成共识。弗雷泽·斯托达特因合成并研究此种分子获得了诺贝尔奖。

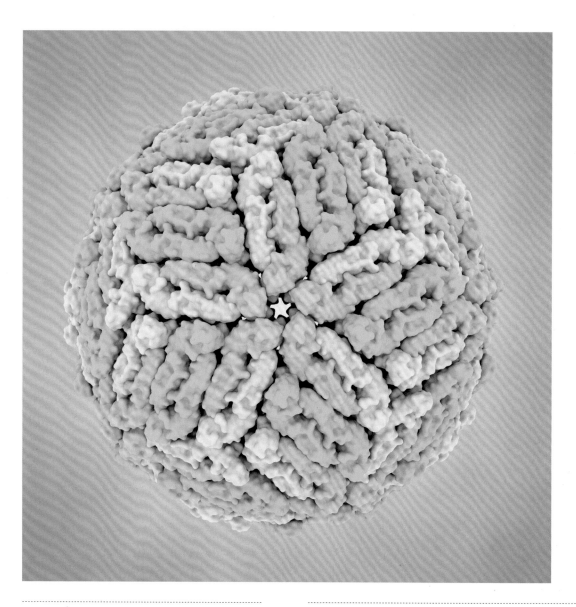

上：引发登革热的登革病毒示意图。每个色块代表一个蛋白质分子，它们以高度对称的方式排列在一起，形成了这个病毒的"外衣"，这种结构在病毒中很常见。在图中看不到的"外衣"之下，是病毒的遗传物质，编码在核糖核酸（RNA）里。

右：DNA 分子，携带着从细菌到人类的所有生物都在代代相传的基因。DNA 分子包含两条单链分子（分别用绿色和灰色表示），两条链互相缠绕，形成了著名的双螺旋结构。在人类的细胞中，所有遗传物质都被分配在 46 条不同的 DNA 中，它们各自与蛋白质分子"包装"在一起，形成染色体。

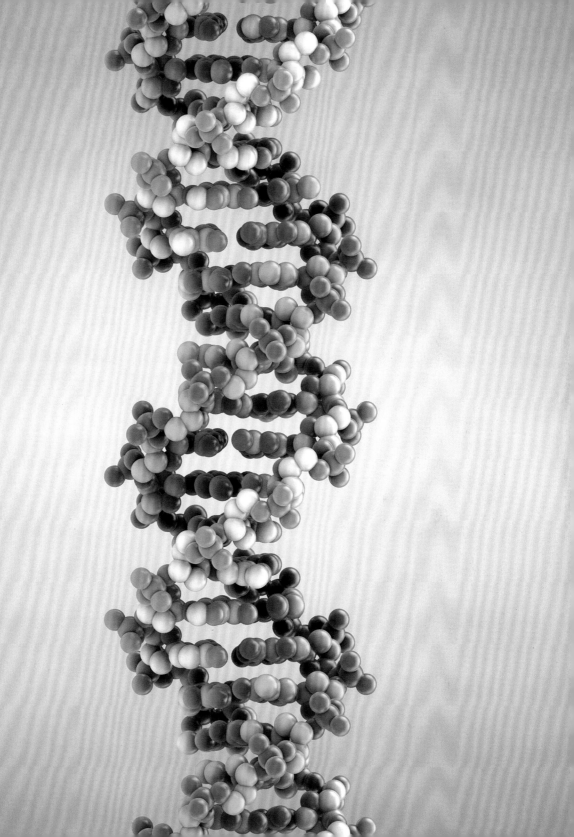

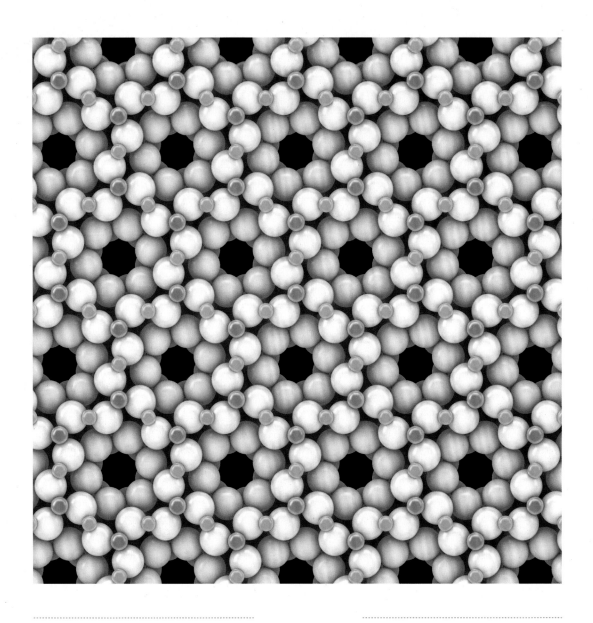

上：绿宝石晶体原子晶格的一个截面。这里小小的蓝色原子表示铝原子，绿色的表示铍原子。

右：金刚石的晶体结构，它自身看起来就充满了简洁之美。每个原子都是碳原子。

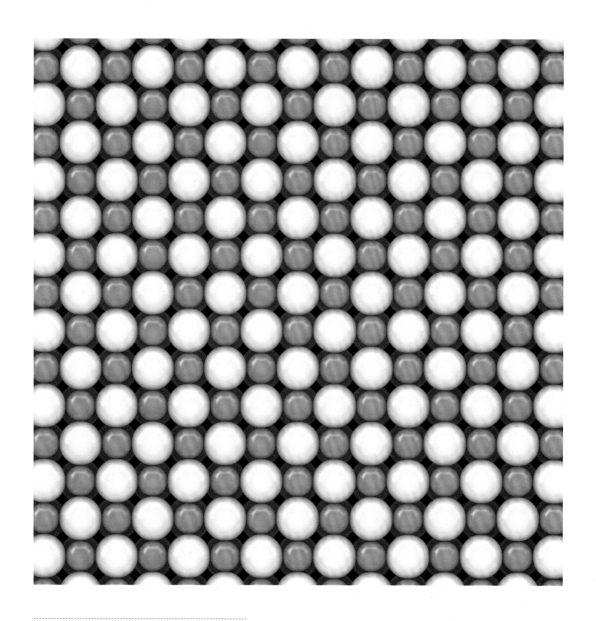

氯化钠（食盐）的晶体结构。蓝色小球表示钠原子，白色表示氯原子。这一结构的方形对称性也体现在食盐小颗粒的方形外表上。

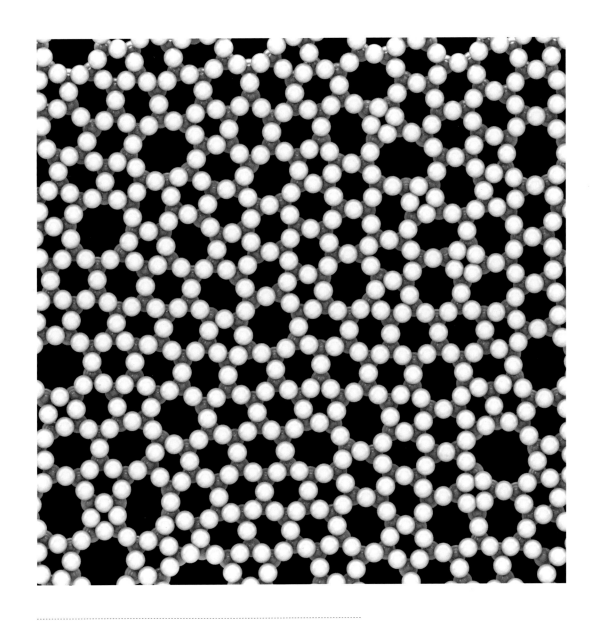

石英玻璃（二氧化硅）的截面结构。白色原子是氧，蓝色的是硅。
图中原子没有堆成有序的晶格，结构是无序的。不过，你也能注意
到其中有特定的规律，比如由五个或六个原子组成的环会频频出现。

术语解释

（释义中出现的另有条目的术语以"仿宋体"表示）

α 螺旋（alpha helix）：一种螺旋结构，通常出现在折叠的蛋白质链中。

变性（denaturation）：蛋白质从原本紧密折叠的形态中解开的过程。

表面张力（surface tension）：一种拉着液体表面，使其表面积最小的力。可以把它理解成让液体裹了一层"表皮"。

沉淀（precipitation）：化学溶液中产生不可溶的固态物质的过程。

成核（nucleation）：晶体借由一个小"种子"的形成而开始生长的过程。该词也可以指其他颗粒的生长，如空气中的小液滴以一个小"核"为起点开始形成。

DNA：所有活细胞中携带基因的分子。基因能"指导"蛋白质的制造，会在细胞分裂或生物体繁殖时遗传下来。DNA 结构包含两条链，互相缠绕成双螺旋结构。

蛋白质（protein）：一类由氨基酸链构成的分子，通常会折叠成紧密的形状。蛋白质是生命的关键分子之一。

电沉积（electrodeposition）：在电流的驱动下，溶液中的一种金属离子变成金属单质，在其接触到的表面生长的过程。

电磁波谱（electromagnetic spectrum）：所有可能类型的电磁辐射的全域，从无线电波（波长很长）到可见光，再到 X 射线和伽马射线。

电解（electrolysis）：化学物质在电流的作用下而分解（通常分解成其组成元素的单质）。

电子（electron）：组成原子的基本粒子之一。电子比原子核中的另两种粒子轻得多，它们在原子核周围形成带负电的"云"。

分形（fractal）：比例尺放大后样貌基本不变的图形。

分子（molecule）：两个或更多原子通过化学键相连形成的结构。

伏打电堆（voltaic pile）：电池的一种早期形

式，由两种不同的金属盘交替堆叠组成，并由浸泡过电解液的材料片隔开。

富勒烯（fullerene）：一种完全由碳原子组成的分子，通过六边形或五边形的环形成闭合的球状或说中空的笼式结构。

孤对电子（lone pair）：附着在一个原子（通常是分子中的原子）上的未参与形成强化学键的一对电子。

光合作用（photosynthesis）：植物（和某些细菌）利用太阳光的能量把空气中的二氧化碳转化成糖类分子的过程。

光子（photon）：光的"粒子"，算是某种"光能包"，其特征波长决定了光的颜色。

过饱和（supersaturation）：溶液中溶解的物质多于一般情况下能溶解的量的情况。

黑色素（melanin）：一类能让哺乳动物的毛发及皮肤呈现出黑色、棕色和黄褐色的色素。

花青素（anthocyanin）：一类色素，某些植物的玫红色就来自此类色素。

化合物（compound）：包含至少两种元素的化学物质。

化学花园（chemical garden）：金属硅酸盐化合物从溶液中沉淀出一张薄膜时形成的一种复杂结构，通常会生长成像有机体一样的管状或其他形状。

还原（reduction）：一个原子或分子得到电子的过程。

极性基团（polar group）：分子带电荷的部分。一端带正电荷、另一端带负电荷的分子叫"极性分子"。

碱（base）：能形成碱性溶液的化学物质。

晶体结构（crystal structure）：原子组成晶体的方式。它既可以指原子在有一定体积的固体（如宝石或金属）中的堆积，也可以指在聚成晶体的单个分子内部的原子排列。

勒夏特列原理（Le Chatelier's Principle）：对于达到平衡态的化学系统而言，改变某些条件（如温度或压强）会让系统往能抵消该改变的方向调整，到达新的平衡态。

类胡萝卜素（carotenoid）：植物身上一类能产生红色和黄色的色素。

离子（ion）：因为质子数不等于电子数而整体带电荷（可正可负）的原子或分子。

两亲分子（amphiphile）：既有亲水性部分，又有疏水性部分的分子。

酶（enzyme）：一种充当催化剂的蛋白质，促进活细胞中出现生化反应。

pH：衡量溶液酸碱度的一个指标。pH 值越低，溶液的酸性越强。纯水既没有酸性也没有碱性，pH 值为 7。

亲水性 / 疏水性（hydrophilic/-phobic）：用以描述会吸引 / 排斥水的分子（或其部分）。

氢键（hydrogen bond）：一种弱化学键，一头是一个分子（或分子的一部分）上的氢原子，另一头是另一个分子（或分子的另一部分）上的孤对电子。

染色体（chromosome）：细胞中的部分 DNA 聚在一起，同帮着"打包"它的蛋白质一起形成的一种大分子结构。

热力学（thermodynamics）：研究能量如何转化及热量如何转移的科学分支。

溶度积（solubility product）：一种表示离子物质的溶解度的数学方法。

溶剂（solvent）：能溶解其他物质的流体。

溶液（solution）：包含溶于其中的其他物质的液体（通常是水，但也不一定）。

溶质（solute）：溶解在溶剂中的物质。

色素（pigment）：一种会强烈吸收特定波长的可见光从而展现出颜色的化合物。

熵（entropy）：系统无序程度的量度。更严格地说，它衡量的是系统的组成部分可以形成多少种不可区分的排列。

酸碱中和反应（acid-base reaction）：一种酸和一种碱混合，中和了酸性和碱性的化学反应（通常会产生一种盐）。

碳氢化合物（hydrocarbon）：一种只由碳元素和氢元素形成分子的化合物。

X 射线晶体学（X-ray crystallography）：通过某种物质反弹 X 射线的情况来推导其晶体结构（原子排列方式）的技术。

吸热反应（endothermic reaction）：从周围环境中吸收热量，使环境变冷的化学反应。相对的是"放热反应"（exothermic reaction）。

锈蚀（corrosion）：物体表面（一般是金属）因与环境中的空气、水等物质作用而被侵蚀的过程。

絮凝（flocculation）：液体中的细颗粒聚集在一起。

盐（salt）：泛指由一种带正电荷的金属离子和一种带负电荷的非金属（或含非金属元素的）离子组成的离子化合物。食盐（氯化钠）就是一种盐。

氧化（oxidation）：原本指物质与氧气发生反应，但现在更宽泛地指物质失去电子。

氧化还原反应（redox reaction）：电子从一种反应物（失去电子，被氧化）转移到另一种反应物（得到电子，被还原）上的化学反应。

叶绿素（chlorophyll）：绿色植物中主要负责吸收太阳光以开启光合作用的色素。

元素（element）:所有化学物质的基本组分，不能被分成更简单的化学物质的物质。每种元素都由不同的原子组成。

原子核（atomic nucleus）:原子中心一团致密的物质，占原子绝大部分质量。原子核中包含质子和中子两种亚原子粒子。（不是"成核作用"中的"核"！）

枝状生长（dendritic growth）:晶体生长成雪花般的分枝的过程。

指示剂（indicator）:在酸碱环境下会显现出不同颜色的化学物质，可指示溶液的 pH 值。

置换反应（displacement reaction）:一种反应物为另一种反应物替代的过程，如一种金属置换了盐中的另一种金属。

质子（proton）:同中子一道是组成原子核的亚原子粒子，带一个正电荷。

中子（neutron）:组成原子核的两种亚原子粒子之一，不带电荷。

周期表（periodic table）:化学元素的一种排列组织方式，可展示出元素化学性质的相似性。

自由基（free radical）:包含一个没有和其他电子成对（不管是形成化学键还是孤对电子）的电子的原子或分子，通常有很强的化学活性。

引文出处

第 002 页，"朱庇特的金属锡"：Primo Levi, *The Periodic Table*, trans. Raymond Rosenthal (London: Abacus, 1986), 188.

第 002 页，"端庄弃权态度"：ibid., 4.

第 005 页，"我能欣赏花的美"：Richard Feynman, in *The Pleasure of Finding Things Out*, BBC documentary (1981).

第 005 页，"当这一行星"：Charles Darwin, *On the Origin of Species* (London: John Murray, 1859), 490. 中译引自《物种起源》，苗德岁译，译林出版社，2016 年（译注，后同）。

第 031 页，"第一天，我命该"及所引莱维：Primo Levi, *The Periodic Table*, trans. Raymond Rosenthal (London: Abacus, 1986), 33– 36.

第 039 页，"形成之能"：Johannes Kepler, De nive sexangula (1611), trans. Colin Hardie as *The Six-Cornered Snowflake* (Oxford: Oxford University Press, 1966), 33.

第 039 页，"她了解整套几何学"：ibid., 43.

第 043 页，"石晶"：Pliny the Elder, *Natural History*, vol. 10, trans. D. E. Eichholz (Cambridge, MA: Harvard University Press, 1975), Book 37, Ch. 9.

第 056 页，"有一次"：David Jones, "Black Crystal Arts," *Chemistry World*, 31 July 2012.

第 061 页，"清空空气中的鬼魂"：John Keats, "Lamia" (1820), Part 2.

第 069 页，"蒸馏很美"：Primo Levi, *The Periodic Table*, trans. Raymond Rosenthal (London: Abacus, 1986), 57– 58.

第 099 页，"这些数不清的星状小颗粒"：Thomas Mann, *The Magic Mountain*, trans. H. T. Lowe-Porter (Harmondsworth: Penguin, 1969), 480. 中译引自《魔山》，钱鸿嘉译，上海译文出版社，2019 年，略有调整。

第 103 页，"六这个数源出何处"：Johannes Kepler, De nive sexangula (1611), trans. Colin Hardie as *The Six-Cornered Snowflake* (Oxford: Oxford University Press, 1966), 23.

第 103 页，"形成的原因"：ibid., 33.

第 103 页，"水微粒如何被引导到晶体的某一面"：T. H. Huxley, "On the Physical Basis of Life," *Fortnightly Review* 5 (1869): 129.

第 107 页，"雪花晶体的美"：D'Arcy Wentworth Thompson, *On Growth and Form*, 2nd ed. (Cambridge: Cambridge University Press, 1942), 696-697.

第 129 页，"大自然只是……"：Ralph Waldo Emerson, "History," in Essays (Boston: James Munroe and Company, 1841), 13. 中译引自《爱默生随笔》，蒲隆译，上海译文出版社，2010 年。

第 138 页，"在思考蜡烛的物理现象之外"：Michael Faraday, *The Chemical History of a Candle*, ed. Frank A. J. L. James (Oxford: Oxford University Press, 2011), 1.

第 152 页，"蜡在到达烛芯处并燃烧时"：P. W. Atkins, *Atoms, Electrons, and Change* (New York: Scientific American Library, 1991), 24.

第 169 页，"我们西班牙佬知道"：quoted by Cortés's secretary Francisco López de Gómara in *General History of the Indies* (Zaragoza, 1552).

第 258 页，"长得像树一样"：Johann Rudolf Glauber, *Furni novi philosophici* (1646), quoted in Laura M. Barge et al., "From Chemical Gardens to Chemobrionics," *Chemical Reviews* 115 (2015): 8654.

第 260 页，"这个过程赏心悦目"：ibid.

第 265 页，"我永远不会忘记这一幕"：Thomas Mann, *Doctor Faustus*, trans. H. T. Lowe-Porter (Harmondsworth: Penguin, 1968), 24. 中译引自《浮士德博士》，罗炜译，上海译文出版社，2012 年，略有调整。

第 283 页，"如果那个犹太色狼"：Thomas Pynchon, *Gravity's Rainbow* (London: Penguin, 1995), 159- 160. 中译引自《万有引力之虹》，张文宇译，译林出版社，2020 年。

第 303 页，"这里一下子展现出了一片新世界"：Friedlieb Ferdinand Runge, introduction to *Zur Farben-Chemie* (Berlin, 1850), quoted in Esther Leslie, *Synthetic Worlds:Nature, Art and the Chemical Industry* (London: Reaktion Books, 2005), 57.

第 305 页，"一开始就栖身于元素之中"：Runge, quoted in ibid., 67.

第 309 页，"我喜欢金子的黄色和沉重感"：Oliver Sacks, *Uncle Tungsten: Memories of a Chemical Boyhood* (London: Picador, 2002), 3- 4.

第 309 页，"我之所以被化学吸引"：Robert Woodward, quoted by his daughter Crystal E. Woodward in "Art and Elegance in the Synthesis of Organic Compounds: Robert Burns Woodward," in Doris B. Wallace and Howard E. Gruber, eds., *Creative People at Work* (New York: Oxford University Press, 1984), 137.

第 310 页，"就像一家小型的老式药店"：Oliver Sacks, "Brilliant Light: A Chemical Boyhood," *New Yorker*, 20 December 1999.

第 310 页，"我常常怀疑"：Primo Levi, quoted in Carole Angier, *The Double Bond: Primo Levi, a Biography* (New York: Farrar, Straus and Giroux, 2002), 76.

第 312 页，"对自然哲学家而言"：John Frederick William Herschel, *A Preliminary Discourse on the Study of Natural Philosophy* (London: Longman, Brown, Green & Longman, 1851), 10, 11.

第 316 页，"我的职业"：Primo Levi, *The Monkey's Wrench*, trans. William Weaver (London: Penguin, 1987), 142–144

译名对照表

A

α 螺旋：alpha helix

阿基米德多面体（半正多面体）：
Archimedean solid

阿司匹林：aspirin

矮牵牛花（碧冬茄）：petunia

矮行星：dwarf planet

鿫：oganesson

B

八水氢氧化钡：barium hydroxide
octahydrate

白蛋白：albumin

柏拉图多面体：Platonic solid

半电池反应：half-cell reaction

本生灯：Bunsen burner

苯胺紫：mauve

苯甲醛：benzaldehyde

碧玉：green jasper

[蛋白质]变性：denature

博罗梅奥环：Borromean ring

C

层云：stratus cloud

赤铁矿：haematite

醇类：alcohols

雌黄（三硫化二砷）：orpiment

醋酸（乙酸）根：acetate

D

大不列颠皇家研究院：the Royal
Institution of [Great Britain],
Ri

大理石芋螺：Conus marmoreus

代谢：metabolism

导电性：electrical conductivity

登革病毒：Dengue virus

碲镉汞：mercury cadmium
telluride，MerCadTel

电[化学]沉积：electrodepo-
sition，electrochemical depo-
sition

电镀：electroplating

电极：electrode

电解：electrolysis

电解液：electrolyte

靛蓝：indigo

丁钠橡胶：Buna，butyl sodium
rubber

动态共价化学：dynamic covalent
chemistry

断层：fault

对称性破缺：symmetry breaking

对流：convection

多肽：polypeptide

E

锇：osmium

萼片：sepal

二氨银离子：silver diammine ion

F

反应扩散系统：reaction-diffusion
system

放热反应：exothermic reaction

飞燕草素：delphinidin

沸石：zeolite

分形：fractal

分子伴侣：molecular chaperones

分子梭：molecular shuttle

伏打电堆：voltaic pile

[巴克敏斯特]富勒烯：
[buckminster-]fullerene

G

坩埚 : crucible

缟玛瑙 : onyx

汞齐 : amalgam

构象 : conformation

孤对电子 : dangling/lone pair of electrons

钴蓝 : zaffre

光合作用 : photosynthesis

光谱学 : spectroscopy

光子 : photon

硅孔雀石 : chrysocolla

过饱和 : supersaturated

过渡金属 : transition metal

H

焓 : enthalpy

合金 : alloy

核酸 : nucleic acid

核糖核酸 : ribonucleic acid, RNA

核糖体 : ribosome

黑色素 : melanin

红外辐射 : infrared radiation

胡萝卜素 : carotene

花瓣 : petal

花岗岩 : granite

花青素 : anthocyanin

花序 : inflorescence

化学电池 : electrochemical cell

化学键 : chemical bond

还原 : reduction

还原剂 : reducing agent, reductant

黄铜 : brass

黄酮 : flavone

J

机械键 : mechanical bond

积云 : cumulus cloud

基团 : group

[北]极光 : aurora borealis

极性 : polar

甲烷 : methane

减压病 : decompression sickness

碱 : alkali, base

碱金属 : alkali metal

奖赏机制 : reward mechanism

[接]近平衡态 : close to equilibrium

晶胞 : unit cell

晶格 : lattice

晶态 : crystalline state

晶体成核 : crystal nucleation

肼 : hydrazine

聚合物 : polymer

聚合氯化铝 : polyaluminum chloride

聚碳酸酯 : polycarbonate, PC

聚酯纤维 : polyester

卷云 : cirrus cloud

K

康乃馨 : carnation

可逆反应 : reversible reaction

枯叶蛾 : dead-leaf moth

矿物枝晶(树枝石): mineral dendrite (dendrolite)

扩散置限聚集 : diffusion-limited aggregation

L

[金属]拉丝 : brush

蓝宝石 : sapphire

勒夏特列原理 : Le Chatelier's Principle

类胡萝卜素 : carotenoid

离子通道 : ion channel

锂空气电池(锂氧电池): lithium-air (lithium oxygen) battery

立方烷 : cubane

两亲分子 : amphiphile

六方最密堆积 : hexagonal close packing

轮烷 : rotaxane

绿宝石 : emerald

绿松石 : turquoise

M

玛瑙 : agate

毛囊 : hair follicle

毛细作用 : capillary action

煤灰 : soot

煤焦油 : coal tar

明胶 : gelatin

膜蛋白 : membrane protein

木蓝属 : Indigofera

N

能态 : energy state

泥炭土 : peaty soil

农杆菌 : Agrobacterium

P

膨压：turgor pressure

葡萄糖：glucose

Q

气泡成核：bubble nucleation

牵牛花：morning glory

茜［草］素：alizarin

茜草：madder

亲水：hydrophilic

青铜：bronze

氢键：hydrogen bond

曲颈瓶：retort

R

燃素：phlogiston

染色体：chromosome

［动物］热感知：thermoreception

热力学：thermodynamics

热液喷口（热泉）：hydrothermal vent

溶度积：solubility product

溶剂：solvent

溶质：solute

熔融：molten

S

三磷酸腺苷：adenosine triphos-phate，ATP

扫描探针显微镜：scanning probe microscope，SPM

色素：pigment

砂岩：sandstone

熵：entropy

神经元：neuron

渗透：osmosis

生长轮：growing rim

十二面烷：dodecahedrane

石膏：gypsum

石蜡：paraffin

石墨：graphite

石蕊：Litmus

矢车菊：cornflower

试剂：reagent

视蛋白：opsin

视黄醛：retinal

视皮层：visual cortex

视网膜：retina

嗜极［微］生物：extremophile

疏水引力：hydrophobic attraction

双折射：birefringence

水合：hydrated

菘蓝：woad

所罗门结：Solomon knot

索烃：catenane

T

酞菁蓝：phthalocyanine blue

碳纳米管：carbon nanotube

碳氢化合物（烃）：hydrocarbon

锑化铟：indium antimonide

天青石：azure

［纯］铜（红铜）：copper

图灵结构：Turing structure

脱氧核糖核酸：deoxyribonucleic acid，DNA

W

万古霉素：vancomycin

温压：thermobaric

榅桲：quince

无线电波（射电波）：radio wave

X

X 射线晶体学：X-ray crystallo-graphy

吸热反应：endothermic reaction

细胞核：cell nucleus

细胞器：organelle

细胞质：cytoplasm

细粒结构：fine-grained texture

仙客来：Persian cyclamen

纤维素：cellulose

相变：phase transition

相对论效应：relativistic effect

香豆素：coumarin

行星着陆器：planetary lander

形成溶剂合物：solvated

形成之能：formative faculty

形态发生素：morphogen

形态学：morphology

雄黄（二硫化二砷）：realgar

溴百里酚蓝：bromothymol blue

絮凝：flocculation

悬浮液：suspension

血红蛋白：hemoglobin

Y

鸭跖草：dayflower，Commelina communis

鸭跖蓝素：commelin

亚铁氰根离子：ferrocyanide ion

烟酸：nicotinic acid

延展性：ductility

衍射图样：diffraction pattern，DP

阳极：anode

洋桔梗（草原龙胆）：prairie gen-
tian

氧化：oxidation

氧化还原反应：redox reaction

氧化剂：oxidizing agent，oxidant

氧化物：oxide

叶绿素：chlorophyll

夜光云：noctilucent cloud

液泡：vacuole

乙醇：ethanol

乙酸乙酯：ethyl acetate

乙烯：ethylene

阴极：cathode

银镜反应：silver-mirror reaction

英国皇家学会：the Royal Society

英国皇家学会会士：fellow of the
Royal Society，FRS

英国医学科学院院士：fellow
of the Academy of Medical
Sciences，FMedSci

有用功：useful work

雨云：nimbus cloud

远[离]平衡态：far from
equilibrium

芸薹属：Brassica

织锦芋螺：Conus textile

脂类：lipid

脂双层：lipid bilayer

指示剂：indicator

酯：ester

质谱仪：mass spectrometer

置换反应：displacement reaction

主刺盖鱼：emperor angelfish

主族元素：main block（group）
element

着色剂：colorant

紫晶：amethyst

自催化：autocatalysis

自由基：free radical

自由能：free energy

Z

枝晶（枝蔓晶体）：dendritic
crystal